W0382549

Dieses Netzwerkbuch widme ich allen Menschen,
die mich zu diesem Buch inspiriert haben,
insbesondere meinem Team.

Erfolgreich netzwerken!
Schluss mit Kundenjagd, Wettbewerbsangst & Co.

Sabine Piarry

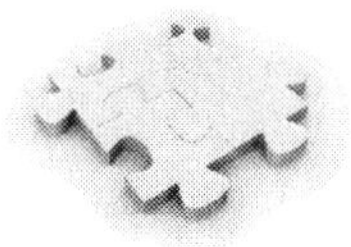

Die Originalausgabe erschien 2008 unter dem Titel
„Erfolgreich Netzwerken!
Schluss mit Kundenjagd, Wettbewerbsangst & Co.“

Bibliographische Information der Deutschen Bibliothek

Die Deutsche Bibliothek verzeichnet diese Publikation in der Deutschen Nationalbibliographie; detaillierte bibliographische Angaben sind im Internet über http://dnb.d-nb.de abrufbar.

ISBN-13: 9-7838-3705-6624

1. Auflage August 2008
Copyright © Sabine Piarry

Herstellung und Verlag:
Books on Demand GmbH, Norderstedt.

Alle Rechte vorbehalten. Vervielfältigung, auch auszugsweise, nur mit schriftlicher Genehmigung des Verlages und der Autorin.

www.bod.de

Zur Autorin

Sabine Piarry hat nach über 20 Jahren in Verkauf, Marktforschung und Netzwerken im Jahr 2003 ihr Hobby zum Beruf gemacht. Sie arbeitet hauptberuflich als Vernetzungsspezialistin und begleitet viele Menschen auf dem Weg zu ihrem beruflichen Erfolg.

Als „Frau der Praxis" zeichnet sie sich aus durch ihr Gespür für Märkte und Chancen und durch ihre Phantasie, wenn es darum geht, kreative und einfach umsetzbare Lösungen zu finden.

Sabine Piarry motiviert Unternehmer und Führungskräfte, leicht und spielerisch die eigene Professionalität beim Netzwerken und bei der Selbstvermarktung zu leben. Dabei begeistert ihr humorvoller, lebendiger Auftritt bei Vorträgen und ihre einfühlsame, kreative Art der Seminargestaltung.

Sabine Piarry (geb. Dennerlein) ist 1967 in Augsburg geboren, gelernte Industriekauffrau, geprüfte Marktforscherin und seit 1994 Unternehmerin. Sie lebt seit 2007 in der Provence.

Homepage Vernetzungsspezialistin
www.sabine-piarry.com
www.montagsdurchstarter.de

Netzwerke und Portale
www.netzwerk-ganzheitlichkeit.de
www.business-ladies-point.de

Inhaltsverzeichnis

Übungen, Netzwerktipps, Internetadressen, Kopiervorlagen

Übungen

Netzwerktipps

Internetadressen

www.gruendungszuschuss.de ..... Existenzgründerportal
www.humannews.de .... Pressedienst
www.korrekt.de .... Knigge-Regeln
www.marke-x.de .... Internetmarketing
www.networkingscout.de .... Übersicht Netzwerke
www.printtv.de .... Übersicht Netzwerke
www.set-hessen.de .... Mentoring-Programm
www.stayfriends.de .... Freunde-Suchmaschine
www.xing.de .... Vernetzungsplattform

Kopiervorlagen

*) Die mit Sternchen versehenen Übungen stehen als Kopiervorlagen unter **www.sabine-piarry.com** zum Download bereit. Auch finden Sie dort einen Kartensatz für den Stärken-Check (ausdruckbar auf Blankopapier oder Visitenkartenvorlagen für A4 85x54mm).

Es werden dort noch weitere Übungen und Kopiervorlagen auf der Webseite zur Verfügung gestellt werden, die aufgrund von Feedbacks entstehen.

Vorwort

Liebe Leserin, lieber Leser!
Warum habe ich dieses Netzwerkbuch geschrieben?
Es ist mein Anliegen, eine neue Netzwerkkultur zu schaffen – mit Ihnen gemeinsam. Denn indem ich Netzwerken ganzheitlich betrachte, habe ich es neu definiert:
Ich habe herausgefunden, dass Netzwerken am besten funktioniert, wenn es dem Netzwerker nicht nur darum geht, neue Kundenkontakte zu knüpfen, sondern wenn er eine Kultur von Geben und Nehmen pflegt.
Was bedeutet das konkret und vor allem - was bewirkt es? Mit diesen Fragen beschäftigt sich dieses Buch.

Meine Motivation

Ich netzwerke seit langer Zeit mit großer Begeisterung. Allerdings muss ich zugeben, dass ich am Anfang nicht besonders erfolgreich darin war, denn ich bekam ein Jahr lang keinen einzigen Auftrag. Das war die Lehrzeit – ich hatte noch nicht begriffen, dass Netzwerken keine direkte Kundensuche ist.

Ich dachte mir, dass es sicher Regeln für erfolgreiches Netzwerken geben müsse. Ich begann zu beobachten und lernte viel dabei; hauptsächlich von den Menschen, die für mich Vorbilder waren in Bezug auf Erfolg und Kontakte.

Seit 2003 arbeite ich hauptberuflich als Vernetzungsspezialistin, weil es mir ein Anliegen ist, Menschen durch eine Netzwerkplattform zu guten Kontakten und Impulsen zu verhelfen. Ergänzend dazu gebe ich Workshops und mache Beratungen, um auf individuelle Bedürfnisse einzugehen. In Gesprächen habe ich erfahren, dass viele Menschen davon träumen, hauptberuflich zu netzwerken.
Meine Motivation zu netzwerken war niemals monetär, sondern vielmehr, mein Helfersyndrom zu einer vernünftigen Einkommens-

quelle zu machen, um mich den ganzen Tag meiner Lieblingsbeschäftigung widmen zu können.

Während ich Menschen unterstütze, erfolgreicher zu werden, erkenne ich immer besser, warum manche Menschen beim Netzwerken großen Erfolg haben und warum andere Menschen dabei immer wieder auf die Nase fallen. Diese Zusammenhänge werden Sie in diesem Buch entdecken. Meine langjährige Arbeit als Marktforscherin und meine besondere Liebe zu Fragetechniken sind mir dabei nützlich.

Seit 2007 lebe ich nun überwiegend in der Provence und bin dankbar dafür, hier meine Gedanken niederschreiben zu können. Dies ermöglicht mir mein perfektes Team.
Ein Dank an das Team und an alle Menschen, die mit ihren Impulsen dazu beigetragen haben, dieses Buch lebendig zu gestalten.

Worum geht es konkret in diesem Buch?
Dieses Buch soll Ihnen die Angst vor dem Wettbewerb nehmen. Erstens blockiert diese Angst den Erfolg beim Netzwerken. Und zweitens ist diese Angst überflüssig, denn wir sind alle einzigartig. Es geht nicht um Konkurrenz, sondern darum, den für Sie passenden Kunden zu finden.

Sie werden erfahren, welche Wachstumsmöglichkeiten Sie haben, wenn Sie sich auf das „Abenteuer Netzwerken" einlassen.
Auch der Zeitfaktor liegt mir am Herzen. Denn – unglaublich, aber wahr: Wer netzwerkt, spart Zeit.

Außerdem werden Sie erfahren, welche Werte beim Netzwerken zum Erfolg führen.

Mir geht es um einen Netzwerkerfolg, der nachhaltig wirkt. Und damit meine ich langfristig fruchtbare Kontakte. Deshalb habe ich dieses Buch nicht nur als Ratgeber angelegt, sondern als Übungsbuch: Den größten Profit erzielen Sie aus diesem Buch, wenn Sie die Kapitel nicht einfach nur lesen, sondern die Übungen durchführen. Was für Sie gut passt, übernehmen Sie dann in Ihren Alltag. Manche Übungen stehen Ihnen zusätzlich als Download auf meiner Webseite www.sabine-piarry.com zur Verfügung.

Um den eigenen Erfolg zu planen, muss man die Zusammenhänge von Ursache und Wirkung verstehen. Daneben ist es auch wichtig, sich selbst gut zu kennen - die eigenen Visionen, Ziele und Wünsche, Stärken und Schwächen. Denn wenn ich weiß, was mir großen Spaß macht bzw. was nicht, kann ich Prioritäten setzen und entsprechend handeln.

Auch den Spaßfaktor finde ich beim Netzwerken ganz wichtig: Netzwerken ist etwas für Menschen, die es als Bereicherung ansehen, sich selbst Zeit zu gönnen für andere Menschen, anstatt immer nur am Schreibtisch zu sitzen und zu arbeiten.
Aber zum Netzwerken gehört auch die Fähigkeit, sich abzugrenzen. Man muss auch Nein sagen können, sonst kommt man bei allen interessanten Gesprächen nicht mehr zum Arbeiten: Ich z. B. bin von Natur aus gutmütig und konnte früher schwer Nein sagen. Ich erkannte, dass Nein sagen leichter fällt, je klarer die Ziele werden.

Mich fasziniert beim Netzwerken immer wieder, wie viele Impulse ich durch andere Menschen erhalte, sei es durch Gespräche, Vorträge, bestimmte Situationen - oder einfach durch Beobachten.

Deshalb ist es für Sie als Leser wichtig, herauszufinden, was Ihnen in Bezug aufs Netzwerken wichtig ist, und was Ihnen Spaß macht.

Welchen Nutzen kann Ihnen Netzwerken bringen? Was soll leichter werden? Wo möchten Sie gerne erfolgreicher sein? Welche Barrieren möchten Sie gerne überwinden?

Dieses Buch vermittelt Ihnen eine Fülle an Impulsen auf unterschiedlichen Ebenen und lädt zum Ausprobieren ein. Stellen Sie sich alle Impulse wie ein großes Buffet vor: Nehmen Sie sich das, was Ihnen zusagt. Das, was Sie weniger anlacht, lassen Sie einfach liegen.

Nachfolgend zu diesem Buch ist ein Übungsbuch angedacht, das die Inhalte dieses Buches vertieft. Ich freue mich über Ihr Feedback zu diesem Buch und wüsste gerne, was Ihnen besonders weiterhilft, welche Anregungen Sie dazu haben und wo Sie sich noch mehr Übungen wünschen.

Viel Freude beim Lesen und Leichtigkeit in der Umsetzung wünscht Ihnen Vernetzungsspezialistin Sabine Piarry

1. Netzwerken neu definiert

„Netzwerken macht erfolgreich!"
„Netzwerken bringt neue Kunden."
„Mit Netzwerken gewinnt man gute Kontakte."

Diese und ähnliche Aussagen liest man immer wieder in Büchern und Fachzeitschriften. Worauf basieren diese Aussagen? Was genau macht erfolgreich? Hierzu gibt es eine viel zitierte IBM-Studie, die nicht nur bei Netzwerk-Anfängern immer wieder Erstaunen auslöst.

Was fördert Ihren Erfolg?[1]
60 % Bekanntheitsgrad 30 % Image 10 % Qualifikation/Fähigkeiten.

Den größten Anteil am Erfolg hat der Bekanntheitsgrad, dann folgt das Image und das Schlusslicht bildet unsere Qualifikation. Oft stöhnen Teilnehmer in meinen Workshops, wenn ich diese Zahlen nenne. Im Geist überschlagen sie schnell die vielen Jahre, die sie umsonst in Ausbildung investiert haben könnten. Aber keine Sorge, Ihre Qualifikation ist wichtig! Denn diese strahlt positiv auf Ihr Image aus (zufriedene Kunden empfehlen Sie gerne weiter) und damit erhöht sich auch Ihr Bekanntheitsgrad.

Um wirklich bekannt zu werden, genügt es leider nur in wenigen Fällen, dass man von zufriedenen Kunden weiter empfohlen wird. Da gilt es, neue Wege zu finden. Markenartikelhersteller stecken Millionenbeträge in Werbung, um bekannter zu werden oder bekannt zu bleiben. Kleinunternehmer verfügen nicht über diese Budgets und müssen sich deshalb kostengünstige Alternativen ausdenken.

---

[1] Quelle: IBM-Studie

Bewährte Methoden, um sich bekannter zu machen sind u. a.:

- ein Buch schreiben und erfolgreich vermarkten
- Netzwerken
- Vorträge halten
- Pressearbeit machen
- eine Webseite mit hohem Kundennutzen betreiben
- nutzenorientierte Newsletter veröffentlichen
- Viral Marketing (gezielte Mundpropaganda).

Nun ist nicht jeder Mensch der geborene Autor oder Marketingspezialist. Deshalb sind Netzwerke eine ideale Plattform, um das eigene Image zu erhöhen und bekannter zu werden. Beim Netzwerken erreicht man viele Menschen, und die Weiterempfehlung funktioniert durch die persönlichen Kontakte hervorragend. Aber genau so schnell, wie man sich ein gutes Image aufbauen kann, kann man es leider auch kaputt machen. Deshalb ist es wichtig, Netzwerken in seiner Komplexität zu verstehen.

Was ist Netzwerken nicht?

- **Netzwerken ist kein schnelles Geschäft.**
- **Netzwerken ist keine Schnäppchenjagd und**
- **Netzwerken ist nicht die Lösung, wenn es brennt.**

! Was bedeutet „Netzwerken ist **kein schnelles Geschäft?**“ Netzwerke sind keine Aquarien, um Kunden zu fischen. Ungeduldige Netzwerk-Anfänger denken oft, ein Netzwerk tauge nichts, wenn nicht schnell ein Fisch (sprich Kunde) an der Angel zappelt. Sie verschwinden schnell wieder von der Bildfläche.

Oder sie denken, „Netzwerken passt nicht zu mir." Ich behaupte aber, Netzwerken passt zu jedem. Oder noch klarer: Netzwerke braucht jeder, der erfolgreich unternehmerisch tätig sein möchte. Ohne zu netzwerken verzichten wir auf wichtige Impulse und wertvolle Unterstützung, um die eigenen Ziele zu erreichen.

! Netzwerken ist **keine Schnäppchenjagd:** zu hoffen, sich beispielsweise die Dienstleistung eines Webdesigners oder einer Texterin günstig einkaufen zu können, weil man sich ja aus dem Netzwerk kennt, ist dem eigenen Image nicht gerade förderlich. Gleiches gilt, wenn man nur zum Netzwerkabend kommt, weil man unbedingt noch zwei Plätze für ein Seminar verkaufen will.

! In ein Netzwerk einzusteigen ist schon gar **nicht die Lösung, wenn es brennt**, wenn wir also finanziell sehr unter Druck stehen und dringend Kunden brauchen. Diesen Druck strahlt solch ein neuer Teilnehmer aus und das spüren andere Teilnehmer. Es überschattet seine Kompetenz und wirkt auf andere unattraktiv. Netzwerken bedeutet, langsam ein Vertrauensverhältnis zu anderen Unternehmern aufzubauen: sich langsam kennen zu lernen, zu erleben, Ideen zu entwickeln, Synergien festzustellen. Wenn wir sehr unter Druck stehen, dann sind wir so stark mit uns selbst beschäftigt, dass wir uns nicht wirklich für andere Menschen interessieren können. Und die anderen Netzwerker spüren den Druck unbewusst und wenden sich eher von uns ab, weil ihnen die Leichtigkeit fehlt. Ohne gegenseitiges Interesse findet jedoch kein Austausch statt.
In solchen Situationen sind wir eher wie ein Schwamm, der gierig alles Nützliche aufsaugt. Natürlich meine ich damit nicht, dass Sie nicht zu einem Netzwerkabend gehen sollten, wenn es bei Ihnen brennt. Denn vielleicht erhalten Sie gerade jetzt einen wichtigen Impuls. Ich sage nur: Steigen Sie nicht mit der Erwartung in ein Netzwerk ein, dass dies die Rettung für Sie sei.

1.1. Was ist Netzwerken?

Netzwerken ist der geduldige Aufbau von Kontakten für synergetische und erfolgreiche Kooperationen. Der Mensch steht dabei im Mittelpunkt - und damit verbunden eine hohe Wertschätzung im Umgang miteinander.

Was bedeutet der Begriff „synergetisch“ und was sind Synergieeffekte? Als Synergie oder Synergismus (griechisch synergía oder synergismós „die Zusammenarbeit“, von syn „mit“, „zusammen“ und érgon „das Werk“) bezeichnet man das Zusammenwirken von Lebewesen, Stoffen oder Kräften im Sinne von „Sich gegenseitig fördern“. Und auch der Ausspruch „Das Ganze ist mehr als die Summe seiner Teile“ umschreibt diese Wirkung.

Synergetisches, erfolgreiches Netzwerken bedeutet im Wesentlichen:

- ✓ **Mühelos die passenden Kontakte bzw. Impulse zu jeder Frage bzw. Aufgabe finden (Kapitel 2)**
- ✓ **Wettbewerbsdenken „ad acta“ legen (Kapitel 3)**
- ✓ **Zeit einsparen (Kapitel 4)**
- ✓ **Win-win-orientiert denken und handeln (Kapitel 5)**
- ✓ **Ressourcen nutzen (Kapitel 6)**
- ✓ **Mit Multiplikatoren zusammenarbeiten (Kapitel 7)**
- ✓ **Netzwerkwerte beachten (Kapitel 8)**

„Ohne Fleiß kein Preis“ sagt ein altes Sprichwort. Und tatsächlich steht der Erfolg beim Netzwerken in einem proportionalen Verhältnis zur Höhe unseres Einsatzes.

Ihr Einsatz:

- **persönlich anwesend sein**
- **mehr einbringen als abschöpfen**
- **gruppendynamisch denken und handeln**
- **das Netzwerk und seine Mitglieder wertschätzen**
- **konsequent und mit Geduld am Ball bleiben.**

Ihr Gewinn:

- ✓ **Mit Leichtigkeit neue Kontakte knüpfen**
- ✓ **Bestehende Kontakte zeitsparend intensivieren und pflegen**
- ✓ **Bekanntheitsgrad steigern (denken Sie an die 60 %!)**
- ✓ **Erfahrungsaustausch**
- ✓ **Interessanten Menschen begegnen**
- ✓ **Aktuelle und wichtige Informationen erhalten/geben**
- ✓ **Impulse für die eigene Vermarktung bekommen**
- ✓ **Üben und Verbessern des eigenen Auftritts**
- ✓ **Spaß haben**
- ✓ **Ein besseres Zeitmanagement**

Der Erfolg eines Netzwerks und Ihr eigener Gewinn hängen davon ab, wie stark sich die Teilnehmer einbringen. Und zwar jeder Einzelne.

Es geht nicht darum, in möglichst vielen oder möglichst elitären Netzwerken vertreten zu sein. Es geht vielmehr darum, aus den zu Ihnen passenden Netzwerken die für Sie passenden Kontakte zu finden, um Ihr persönliches Netzwerk – das Fundament für Ihren Erfolg – zu schaffen. Dieses Netzwerk hat keinen Namen und ist kein Verein, sondern es sind einfach all Ihre guten Kontakte.

1.2. Energiebringer

Je mehr alle Beteiligten ihre Professionalität und gute Energie einbringen sowie Netzwerkwerte durch das eigene Verhalten fördern (z. B. regelmäßig zu den Treffen kommen, anderen aufmerksam zuhören, sich wertschätzend und ehrlich verhalten, sich engagieren), desto besser ist die Qualität und Energie eines Netzwerks. Und umso mehr können wir alle aus dieser gemeinsam eingebrachten Qualität schöpfen.

Diese Qualität zeigt sich darin,

- dass wir Zeit füreinander haben, uns für andere Menschen interessieren und ihnen aufmerksam zuhören,
- dass wir uns Zeit nehmen für Ideen und Impulse und Zeit für gegenseitige Unterstützung,
- dass wir unsere Arbeit gegenseitig besser kennenlernen, indem wir z. B. Interessierte zu einem Vortrag oder Seminar einladen.

Mit solchem Verhalten zeigen wir, dass wir unser Gegenüber tatsächlich wahrnehmen - und wertschätzen.
Und die reinste Form der Wertschätzung ist Dankbarkeit: Gleichgültig, ob Sie Ihre Dankbarkeit für einen vermittelten Kontakt oder Auftrag ausdrücken oder ob Sie für einen Impuls danken, der Ihnen weiterhilft: jedes „Danke!“ ist ein Energiebringer, weil es motiviert und beflügelt.

Wertschätzendes Verhalten ist das Fundament für Empfehlungen, neue Geschäftsideen, gemeinsame Projekte, Kooperationen und Aktionen.
Häufig beobachte ich auch, dass neue Freundschaften entstehen, manchmal werden sogar gemeinsame neue Unternehmen gegründet. Jeder von uns kann und muss einen Energiebeitrag zum Gelingen eines Netzwerkes leisten, damit es funktioniert. Da auch Werte beim Netzwerken keine unbedeutende Rolle spielen, habe ich diesen ein eigenes Kapitel gewidmet.

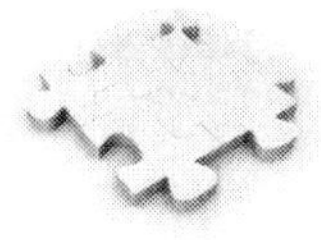

Wertschätzendes Verhalten ist beim Netzwerken ein starker Energiebringer. Und Dankbarkeit ist Wertschätzung pur.

Angenommen, Sie entscheiden sich jetzt oder haben sich bereits längst dazu entschieden, diesen oben beschriebenen Einsatz zu leisten. Nun fragen Sie sich vielleicht, in welcher Form Sie einen Ausgleich für Ihre Energie, die Sie in ein Netzwerk investieren, erhalten?

Im Universum wirkt das Gesetz des Ausgleichs. Es sorgt dafür, dass alles, was Sie einbringen, in irgendeiner Form wieder zu Ihnen zurückkommt:
Ein Partner hatte sich beispielsweise über längere Zeit sehr stark bei den Netzwerk-Treffen eingebracht, aber dort keinen Ausgleich erhalten. Er berichtete aber, dass ihn Menschen aus dem gesamten Bundesgebiet kontaktierten, um mit ihm zusammenzuarbeiten. Seine Energie wurde zwar nicht dort ausgeglichen, wo er sie eingebracht hatte - also in der Regionalgruppe selbst - sondern von anderer Seite. Somit hatte das Universum den Energieausgleich auf diese Weise hergestellt.

Wie Menschen durch effektives Netzwerken in die höchsten Führungsetagen kommen – am Beispiel Joseph Ratzingers

Auch Joseph Ratzinger, der heutige Papst, baute sich ein gut funktionierendes Netzwerk auf. Dieses unterstützte ihn auf seinem Weg von Bonn nach Rom:

Vier Jahre lehrte Joseph Ratzinger Fundamentaltheologie an der Universität Bonn. Schon diese Stelle verdankte er seinem gut funktionierenden Netzwerk. Während seines Studiums begann seine Freundschaft mit Hubert Luthe, der später als junger Geistlicher dem Kölner Kardinal Josef Frings als Sekretär diente und für

Ratzinger die Kontakte zur katholisch-theologischen Fakultät in Bonn knüpfte.

Durch seine Köln-Bonner Freunde kam Joseph Ratzinger wenig später das erste Mal nach Rom. Von Bonn ging Ratzinger nach Münster, von dort nach Tübingen und auf dem Höhepunkt der turbulenten 68er Zeit ins ruhige Regensburg, ehe er 1977 als Nachfolger von Kardinal Julius Döpfner Münchner Erzbischof wurde.
Von Rom reiste er immer wieder als Kurienkardinal ins Rheinland und traf seine Freunde, die ihn schon früh gefördert hatten. Bei ihnen fand er die Zustimmung für seine Ideen. Sein gut gepflegtes persönliches Netzwerk stärkte ihm immer den Rücken und stützte sein Selbstbewusstsein und führte ihn dorthin, wo er heute ist.

Dieses Beispiel zeigt deutlich, welch starkes Fundament man sich zur Erreichung seiner Ziele mit einem Netzwerk aufbauen kann. Und es zeigt auch, dass Netzwerken in jedem Bereich funktioniert und maßgeblich zum Erfolg beiträgt.

Lassen wir nun Menschen, die bereits ihre Erfahrungen beim Netzwerken gesammelt haben, zu Wort kommen:

Geben zahlt sich aus

„Als ich vor sechs Jahren meine Firma gegründet habe, verbrachte ich die ersten zwei Jahre hauptsächlich mit "netzwerken".
Mein Credo war und ist es noch immer: Tue etwas für andere, ohne darüber nachzudenken, was für dich drin ist. Es hat sich gelohnt. Heute läuft meine Firma zu 100 % aus meinen zufriedenen Kunden, die mich weiterempfehlen und meinen Netzwerkpartnern."

Raus aus dem Einzelkämpferdasein

„Bei den Treffen vom Netzwerk konnte ich endlich mit Menschen zusammen sein, die gleiche Ideen und Erfahrungen gesammelt haben. Das tat schon sehr gut.
Der Austausch mit Gleichgesinnten ist für mich wichtig, auch um zu erfahren, dass ich keine Einzelkämpferin bin. Das gibt mehr Energiezuwachs. Inzwischen ist es so, dass ich über einzelne Kontakte weitere Geschäftsbeziehungen knüpfen konnte und meinerseits Netzwerkpartner weiter empfehlen konnte ..."

Neue berufliche Perspektiven

„Ich bin total begeisterte Netzwerkerin. Habe dadurch viele interessante Leute kennengelernt und beruflich profitiert. Durch eine Partnerin bin ich Anfang letzten Jahres zu einer Veranstaltung gekommen, die meine beruflichen Ambitionen in neue Bahnen lenkte. Heute sind wir gute Kolleginnen und haben einen wunderbaren, gegenseitig hilfreichen Kontakt miteinander."

Netzwerken heißt aktiv sein!

„Der Erfolg des Netzwerkens ist genauso gut wie die eigene Aktivität. Ich habe neue Kontakte gewonnen, weil ich aktiv bin."

Immer auf dem neuesten Stand der Dinge sein

„Netzwerken bedeutet für mich, immer auf dem neuesten Stand der Dinge zu sein. Ich lerne neue Menschen kennen, die mir weiterhelfen oder denen ich weiterhelfen darf. Hierbei geht es nicht nur um das Business, sondern auch um das Persönlichkeitsprofil. Wie wirke ich auf andere, wie wirken diese auf mich? Wie erzeuge ich Interesse beim anderen und habe auch noch viel Spaß dabei?"

Zusammenarbeit und Kooperation statt Konkurrenz

„In unserem Netzwerk scheint das Thema Konkurrenz nicht so im Vordergrund zu stehen. Hier wird vielmehr Wert auf Zusammenarbeit und Kooperation gelegt. Ich fühle mich hier sehr gut aufgehoben. Die angebotenen Fortbildungen sind für mich wertvolle Impulse für mein eigenes Marketing."

Von Anfang an positive Entwicklungen

„Schon beim ersten Netzwerk-Treffen hat mir jemand einen Raum für meine Gruppenarbeit vermittelt. Außerdem habe ich schon mit anderen Partner/innen gemeinsam Workshops veranstaltet oder die Seminare anderer Partner besucht."

Durch all diese Erfahrungen zieht sich wie ein roter Faden das Thema „Geben & Nehmen", „Vermitteln & Vermittelt werden", „Informieren & Informiert sein", „Aktiv sein und dadurch neue Kontakte gewinnen", „Zusammenarbeit statt Konkurrenz". Es wird auch deutlich, dass unser Handeln nicht aus Berechnung geschieht, wenn wir anderen Menschen einen Impuls geben oder unser Ohr schenken. Wir machen es freiwillig und mit Freude. Nur in dieser Haltung kann das Universum für uns die passenden Ausgleiche schaffen.

Ihr Energiegewinn beim Netzwerk sollte sein:

- ✓ **Sie fühlen sich wertgeschätzt.**
- ✓ **Sie sind motiviert.**
- ✓ **Sie fühlen sich mit anderen Menschen verbunden und nicht isoliert.**
- ✓ **Nach einem Netzwerk-Treffen gehen Sie motiviert nach Hause.**

Wenn Sie bei allen oben aufgeführten Punkten „Ja" sagen konnten, haben Sie das passende Netzwerk bzw. die passenden Netzwerke für sich gefunden. Herzlichen Glückwunsch!
Sollte das in den Netzwerken, denen Sie angehören, nicht der Fall sein, empfehle ich, die Übung „Checkliste: Das richtige Netzwerk" auf Seite 42 durchzuführen, denn mit dieser Übung können Sie herausfinden, was nicht stimmig ist.

1.3. Energieräuber

Wenn viele Menschen mehr schöpfen als geben, zerbröckelt der Zusammenhalt eines Netzwerks, und das Netzwerk wird sich früher oder später auflösen. Eigentlich ist es ganz einfach: wenn alles abgeschöpft wurde, dann ist nichts mehr zum Schöpfen da. Die Leitung eines Netzwerktreffens kann noch so viel Energie investieren, es ist für eine einzelne Person ein unmöglicher Kraftaufwand, wenn alle Teilnehmer nur nehmen, aber nicht geben wollen.

Manche Menschen verstehen nicht, warum es wichtig ist, zunächst einmal Energie in ein Netzwerk einzubringen. Sie wollen schon beim Eintritt in ein Netzwerk gleich abschöpfen.
Häufig liegt dies daran, dass sie in der Aufbauphase ihres Unternehmens sind oder eine unternehmerische Durststrecke zu bewältigen haben. Sie erhoffen sich Unterstützung – oder sogar Kunden. Doch jedes Netzwerk lebt davon, dass die Mitglieder einen Beitrag leisten – auch die neuen.

Ein Netzwerk, in dem zu viel geschöpft wird, erkennt man an folgenden Anzeichen:

- Die Leitung ist erschöpft.
- In der Gruppe fehlt die Harmonie.
- Die Mitglieder empfehlen einander nicht weiter.
- Es findet keine gegenseitige Unterstützung statt.
- Nach einem Treffen fühlt man sich erschöpft.
- Es herrscht Wettbewerbsdenken.

Verhaltensweisen, die Energie abziehen, reduzieren nicht nur den eigenen Netzwerkerfolg, sondern sie schaden auf Dauer auch dem gesamten Netzwerk. Im Folgenden betrachten wir genauer, welche Verhaltensweisen Energie bringen – und welche Energie abziehen, also Energieräuber sind.

Was schadet Ihrem Netzwerkerfolg?

- **unpünktlich erscheinen**
- **unzuverlässig sein**
- **unregelmäßig erscheinen**
- **zu viel reden und zu wenig fragen**
- **nicht aufmerksam zuhören**
- **egoistisch denken und handeln**
- **sich berechnend verhalten**
- **sich nicht an Spielregeln halten**
- **Ideen klauen.**

Warum ist **Unpünktlichkeit** ein Energieräuber? In Berufsnetzwerken gibt es eine Agenda: Begrüßung, Vorstellungsrunde und organisatorische Angelegenheiten (z. B. Essensbestellung) finden in der Regel ganz am Anfang statt. Wenn Menschen zu spät erscheinen, kommt Unruhe auf:

- Durch die Verspätung unterbricht man die Vorstellung einer Person und lenkt die Gruppe kurzzeitig durch die eigene Platzsuche ab.
- Man bestellt ein Essen, nachdem alle anderen schon bestellt haben, und der Kellner stört durch die Aufnahme der Bestellung.
- Man verpasst wichtige Neuigkeiten und ist entsprechend uninformiert.

Kommt man häufig unpünktlich, signalisiert man der Gruppe, dass die eigenen Belange wichtiger sind als die der Gruppe. Die Unpünktlichkeit könnte von der Gruppe so wahrgenommen werden, als habe man für die Kurzvorstellungen der anderen Menschen wenig Interesse.
Dies könnte zur Folge haben, dass sich auch die anderen Teilnehmer nicht für die Arbeit des Zuspätkommenden interessieren.

Für die Leitung eines Treffens sind Nachzügler auch ein organisatorischer Mehraufwand. Denn jeder, der zu spät kommt, muss beispielsweise einzeln in der Anwesenheitsliste eingetragen werden und ein Namensschild erhalten. Dies alles wirkt störend für den weiteren Ablauf.

Organisatorische Details sollten vor dem offiziellen Start abgeschlossen sein, damit sich die Leiterin bzw. der Leiter ganz der Gruppe widmen kann. Wenn man dennoch einmal zu spät dran ist, dann empfehle ich, vorab beim Service eine Bestellung (für Essen und Getränke) aufzugeben und erst anschließend den Saal zu betreten, um sich unauffällig einen Platz zu suchen.

Inwieweit ist **Unzuverlässigkeit** ein Energieräuber?

Mit Unzuverlässigkeit ist z. B. gemeint, dass jemand sich nicht an Verabredungen oder Vereinbarungen hält bzw. Versprechen nicht erfüllt. Wenn ein Netzwerkpartner in diesem Sinne unzuverlässig ist, zeigt dies den anderen Partnern zunächst nur, dass man sich auf ihn nicht verlassen kann - dies schadet auf Dauer seinem eigenen Image.

Aber auch das Netzwerk kann dadurch einen Schaden erhalten, wenn sich mehrere Personen so verhalten: andere Netzwerker assoziieren mit diesem Verhalten, dass Zuverlässigkeit in diesem Netzwerk nicht wichtig sei. Sie erhalten den Eindruck, man könne kommen und gehen, wann man wolle. Dadurch sinkt das Vertrauen in die Stabilität und in den Erfolg des Netzwerks: die eigene Lust, sich einzubringen und etwas beizutragen, wird von dem Energieräuber „Unzuverlässigkeit" aufgesogen.
Wer möchte beispielsweise schon einen Vortrag vor 15 Menschen halten, wenn er sich für 30 Teilnehmer vorbereitet hat? Es ist einfach ein frustrierendes Gefühl, vor 15 leeren Stühlen zu sitzen, wenn man sich auf 30 Teilnehmer eingerichtet hatte. Und es zieht dem Vortragenden Energie ab.

Wer **unregelmäßig** zu Netzwerk-Treffen erscheint, hat weniger und oberflächlichere Kontakte als Menschen, die regelmäßig erscheinen. Weniger Zeit zu investieren bedeutet auch, weniger Impulse und Anregungen zu erhalten. Gleichzeitig signalisiert man ein geringeres Interesse am Netzwerk als Menschen, die regelmäßig kommen.

Menschen, die zu **viel reden und wenig Fragen** stellen, können zu versteckten Zeitdieben werden. Beim Netzwerken ist die Zeit ein besonders wertvolles und knappes Gut, deshalb ist eine Balance wichtig: wer nur von sich erzählt und anderen nicht zuhört, strapaziert die Zeit anderer Menschen und nimmt ihnen die Möglichkeit, ihre Bedürfnisse zu schildern. Fehlende Impulse könnten die Folge sein. Besonders in den Vorstellungsrunden sollte man darauf achten, die vorgegebene Redezeit einzuhalten, damit auch alle anderen Partner den gleichen Raum haben.

Da die Vorstellungsrunden in Berufnetzwerken in einem festen Zeitrahmen eingebunden sind, müssen die Vorgaben beherzigt werden, sonst kann es passieren, dass sich noch nicht alle Teilnehmer vorstellen konnten, wenn das Servicepersonal schon das Essen bringt. Eine straffe Vorstellungsrunde wirkt immer professionell. Helfen Sie durch Ihren Beitrag mit, diese spannend und kurzweilig zu gestalten.

Ohne aufmerksames Zuhören können wir anderen Menschen nicht weiterhelfen und wir wirken schnell desinteressiert. Damit echter Austausch möglich wird, ist es hilfreich, sich in die Lage der anderen Person zu versetzen und ihre Bedürfnisse zu verstehen. Wichtig ist es dabei auch, *offene* Fragen zu stellen (die berühmten W-Fragen wie wer, wie, wann, was, warum, wozu usw.), weil man damit interessante Informationen erhält und durch Fragen neue Impulse erzeugt.

Menschen, die zu lange von sich selbst reden, hinterlassen bei anderen Menschen leicht den Eindruck, **nur sich selbst wichtig zu nehmen**. Und wer möchte gern mit jemandem zusammenarbeiten, der nur seine eigenen Bedürfnisse im Blick hat, aber nicht um Ausgleich bemüht ist?

Netzwerktipp 1: Gespräche lenken

Möchten Sie gerne einer Gesprächssituation entfliehen, dann können Sie das Gespräch entweder in die von Ihnen gewünschte Richtung lenken oder beenden. Wie macht man das wertschätzend? Achten Sie darauf, die Gesprächsführung zu übernehmen, indem Sie Fragen stellen. Zum passenden Zeitpunkt sagen Sie dann:
„Das hört sich interessant an, was Sie mir sagen. Wo könnten sich Synergien für uns ergeben? Am besten gebe ich Ihnen zunächst einen Einblick in meine Arbeit."
Wenn Sie das Gespräch beenden möchten, dann machen Sie Ihren Gesprächspartner beispielsweise mit einer anderen Person bekannt: „Sie sprachen eben von Architektur. Kennen Sie den Architekten X, der heute hier ist?" Und schon haben Sie eine schöne Brücke geschlagen, um zwei Menschen in Kontakt zu bringen. Ein Gespräch kann man auch einfach mit einem Dankeschön beenden: „Danke für die Zeit, die Sie sich für mich genommen haben. Ich wünsche Ihnen noch weitere gute Kontakte heute."
Was tun, wenn Sie bei einem Gesprächspartner bemerken, dass dieser sich nicht auf Ihr Gespräch konzentrieren kann, Sie aber an einem Kontakt interessiert sind? Sie können ihn direkt darauf ansprechen, indem Sie ihm mitteilen: „Ich habe den Eindruck, dass Sie momentan etwas abgelenkt sind.. Wir können unser Gespräch gerne später oder ein andermal fortführen."

Eine grobe Verletzung der Spielregeln wie beispielsweise eine überzogen langatmige Kurzvorstellung sowie auffällig störendes Verhalten während eines Vortrages deuten auf ein **egoistisches Denken** hin. Aber auch die Flyer anderer Teilnehmer rück-

sichtslos auf dem Infotisch beiseite zu schieben, um sich besser präsentieren zu können, ist nicht gerade selbstlos. Das Gleiche gilt auch für Menschen, die auf dem Infotisch so viel Platz einnehmen, dass die anderen Teilnehmer keinen mehr haben.
Ein Netzwerk lebt davon, dass alle Teilnehmer gleichermaßen gesehen und gewürdigt werden. In einem unpassenden Moment lautstark ein neues Mineralwasser zu bestellen, kann ebenso störend wirken wie der Signalton eines Mobiltelefons während eines spannenden Vortrags.

Ebenfalls ein Zeichen für fehlenden Gemeinsinn ist, erst Unterstützung für eine Gemeinschaftsaktion oder Projekt zuzusagen und dann abzuspringen: Ich habe leider schon erlebt, dass in einer Gruppe große Ideen geschmiedet wurden, dass aber die Einsatzbereitschaft, als es um die konkrete Umsetzung ging, so stark schrumpfte, dass die gesamte Organisation für das Projekt an zwei Personen hängenblieb.

Wichtig ist auch, sich **nicht berechnend** zu verhalten. Was ist damit gemeint? Wenn z. B. eine Person nur deshalb einen Beitrag leistet, damit sie eine bestimmte Gegenleistung bekommt, dies aber nicht kommuniziert. Die andere Seite ist komplett ahnungslos, dass es sich hier um ein Tauschgeschäft handelt, und dass der andere seine „Vorlage“ oder „Leistung“ in der Erwartung einer Gegenleistung erbringt. Solches Verhalten verursacht häufig Konflikte.

Seien Sie vorsichtig, wenn jemand ungefragt plötzlich sehr viel für Sie tut, denn das könnte ein Warnsignal hierfür sein. Ich erhielt beispielsweise einmal eine enttäuschte E-Mail von einer Netzwerkteilnehmerin, die weite Anreisewege zu den Regionalgruppen-Treffen auf sich nahm. Als es um die Bezahlung der Jahresgebühr ging, fand sie, dass wegen der Mühe, die sie mit ihren Fahrten auf sich nehme, dieser Preis nicht gerechtfertigt sei.

Das war ein einseitig inszeniertes Tauschgeschäft, von dem ich nichts wissen konnte und das zu einem Konflikt führen musste.
Eine andere Netzwerkteilnehmerin begann, für ihre Regionalgruppe sehr kreativ zu werden. Diese Emsigkeit machte mich hellhörig. Später stellte sich heraus, dass sie gerne ihre Dienstleistung an andere Netzwerkteilnehmer verkaufen wollte.

Wenn Sie ahnungslos in einem Tauschgeschäft landen, kann es geschehen, dass der Tauschpartner Sie möglicherweise zu einem bestimmten Zeitpunkt in gewisser Weise beschuldigt. Kommunizieren Sie dann sehr klar Ihren Standpunkt: nämlich den, dass Sie keine Vereinbarung miteinander getroffen haben.

! Jedes Netzwerk hat seine **eigenen Spielregeln,** die man zur Kenntnis nehmen und beachten sollte. Meist werden die Spielregeln zu Beginn eines Netzwerk-Treffens mitgeteilt - ein weiterer Grund, pünktlich zu sein.

! Ein großer Energieräuber sind **Ideenklauer**, denn mit Ideendieben kommt Unmut und schlechte Stimmung in einer Gruppe auf. Deshalb empfiehlt es sich, Ideenklauer möglichst schnell und für immer zu verbannen.

Personalfachfrau Monika Rösler beschreibt zwei Gruppen von Menschen:

„Für mich gibt es seit langem nur ein Kriterium, an dem ich mich orientiere. Ob männlich oder weiblich: manche haben Ziele und sind bereit, dafür etwas zu tun. Und zwar ein Leben lang. Der Rest ist dauerhaft unzufrieden und legt den Fokus darauf, möglichst viele andere zu identifizieren, die Schuld an der eigenen Frustration tragen. Man kann auch sagen: es gibt eigentlich nur zwei Grundtypen von Menschen.
Welche, die eher dazu neigen, sich einzusetzen und Initiative zu entwickeln, und Menschen, die erst einmal abwarten, ob es nicht

jemanden gibt, der das für sie erledigt. Der erste Typ schiebt an, der zweite bremst aus und versucht sich der positiven Energie zu bemächtigen."[2]

Auch in dieser Darstellung geht es um Energiebringer und Energieräuber. Dazu eine Übung für Sie, um ein kleines Fazit zu ziehen. Mein schwieriges Thema ist „gut zuhören können". Obwohl ich es immer wieder übe, fällt es mir dennoch schwer. Deshalb schaue ich, dass ich bei Treffen nicht übermüdet und abgehetzt bin und plane mir vor jedem Netzwerktreffen einen Zeitpuffer ein.

Übung: Energiebilanz

Bitte stellen Sie nun Ihre persönliche Energiebilanz fürs Netzwerken auf. Was fällt Ihnen von dem, was Sie soeben gelesen haben, leicht, was fällt schwerer? Was Ihnen leicht fällt, ist ein Energiebringer.

Energiebilanz

+ ______________	- ______________
+ ______________	- ______________
+ ______________	- ______________
+ ______________	- ______________
+ ______________	- ______________
+ ______________	- ______________

Was möchte ich in Zukunft gerne verändern?

____

____

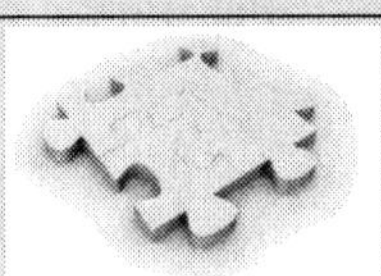

---

[2] Monika Rösler, Fa. PPM Pole Position Marketing AG

1.4. Werben oder Netzwerken?

Bitte beantworten Sie sich diese Frage ganz ehrlich: Möchten Sie sich gerne in ein Netzwerk einbringen, oder sind Sie nicht bereit, Energie zu investieren? „Sich einbringen" heißt nicht, den Jahresbeitrag eines Netzwerks zu bezahlen. Sich einbringen bedeutet, sich mit Freude zu engagieren, um beim Netzwerken wirklich zu profitieren. Wenn Sie lieber eine Anzeigenschaltung machen z. B. in Form eines Profileintrags auf einer Webseite oder in der Tageszeitung, um besser gefunden zu werden, dann ist das Ergebnis auch das Ergebnis einer Anzeigenschaltung.

Werbung zu machen und aktiv zu netzwerken sind zwei völlig verschiedene Bereiche, die in der Praxis jedoch gerne in einen Topf geworfen werden. Finden Sie in der Übung auf der nächsten Seite heraus, was am besten zu Ihnen passt. Um erfolgreich zu netzwerken, warten Sie lieber nicht ab, was passiert, sonst passiert mit großer Wahrscheinlichkeit und nach den Gesetzen des Universums einfach gar nichts.

Ein typisches Beispiel dafür, wie Netzwerken mit Anzeigenwerbung verwechselt werden kann, gibt die folgende E-Mail wieder:

„Bis jetzt hat mir die Eintragung in Ihrem Netzwerk noch nichts gebracht. Weder Kunden noch Kontakte. Aber außer einem Eintrag habe ich auch noch nichts weiter unternommen. Vielleicht haben Sie einen Tipp?!"

Da viele Menschen etwas ratlos sind, wie sie am geschicktesten netzwerken, biete ich dazu auch Workshops an. Dort üben die Teilnehmer typische Netzwerksituationen. Man lernt, professionell (synergetisch), erfolgreich und mit Leichtigkeit die richtigen Kontakte zu finden.

Ein weiterer Tipp: Beobachten Sie erfolgreiche Netzwerker in ihrer Verhaltensweise und in ihrem Tun.

Checkliste: Anzeige oder Netzwerken?

Was möchten Sie gerne erreichen? Bitte kreuzen Sie für jeden Punkt an, ob aus Ihrer Sicht dafür eine Anzeige oder Netzwerken geeigneter ist oder beides zusammen. Ergänzen Sie die Liste evtl. um weitere Punkte und ziehen Sie dann für sich ein Resümee.

	Anzeige	**Netzwerken**
Bekannter werden	( )	( )
Image erhöhen	( )	( )
Kontakte knüpfen	( )	( )
Kontakte pflegen	( )	( )
Großes Budget zur Verfügung	( )	( )
Kleines Budget zur Verfügung	( )	( )
Veranstaltungen publizieren	( )	( )
Erfahrungsaustausch betreiben	( )	( )
Aktuelle Informationen erhalten	( )	( )
Impulse für eigene Vermarktung	( )	( )
Neue Kunden gewinnen	( )	( )
Lieferanten finden	( )	( )
Spezialisten finden	( )	( )
Interessante Menschen treffen	( )	( )
Empfehlungen erhalten/machen	( )	( )
______________________	( )	( )
______________________	( )	( )
______________________	( )	( )
______________________	( )	( )

Meine nächsten Schritte:

____

____

1.5. Neues Bewusstsein

Die Praxis zeigt, dass Einzel- und Kleinunternehmer durch die Kooperation mit anderen Anbietern branchenübergreifend viel mehr Größe gewinnen als alleine.

Ein kleines Unternehmen kann z. B. durch strategische Allianzen mit anderen Unternehmern deutlich schneller wachsen als im Alleingang, wenn deren Kompetenzen die eigenen ergänzen:
Für einen Japandolmetscher könnten Kultur-, Rechts-, Reise- und Wirtschaftsexperten für Japan eine ideale Ergänzung zur eigenen Kernkompetenz darstellen. Auch eine gegenseitige Unterstützung bei gleicher Zielgruppe ist ein guter Ansatz. So können in diesem Fall mehrere Japan-Experten eine gemeinsame Informationsbroschüre für eine bestimmte Zielgruppe entwickeln.

Ebenfalls interessant sind gleiche Einkaufs- und Distributionskanäle als strategische Allianz: wenn z. B. Weingeschäfte sich vertraglich zusammenschließen und gemeinsam einen Kurierdienst beauftragen - durch das große gemeinsame Auftragsvolumen reduzieren sich die Transportkosten, und davon profitieren alle.
Für die passenden Kontakte zum Aufbau strategischer Allianzen sind Netzwerke eine ideale Fundgrube.

Was unterscheidet das Netzwerken im 21. Jahrhundert von dem im 20. Jahrhundert?

Das **Informationszeitalter** (20. Jahrhundert) hat uns den Vorteil gebracht, dass alle relevanten Informationen über das Internet leicht verfügbar sind. Dies hat auch für das Netzwerken eine zentrale Bedeutung. Neben den persönlichen Kontakten bringt die Kommunikation über E-Mail sowie die Verwaltung von Kontakten in Datenbanken eine unglaubliche Effizienz ins Netzwerken.

Was neu ist:

- Netzwerkportale liefern alle Kontaktdaten, die jederzeit aktuell von überall abrufbar sind.
- Internetplattformen wie XING[3] verknüpfen Informationen so intelligent miteinander, dass die passenden Kontakte schnell gefunden werden und eine virtuelle Vernetzung leicht möglich wird.
- Idealerweise stellen Netzwerke zugleich eine Werbeplattform dar, um sich bei Kunden bekannt zu machen
- In sogenannten Communities und Blogs können sich Netzwerker rund um die Uhr austauschen und vernetzen. Alles wird dokumentiert und ist auch später noch verfügbar.
- Mit Hilfe von Datenbanken, CRM (Costumer Relationship Management)-Systemen können Kontakte nach bestimmten Merkmalen klassifiziert und verwaltet werden. So können beispielsweise personifizierte E-Mails (mit namentlicher Ansprache) mit einem Mausklick an mehrere Empfänger versendet werden.

Webkontakte ersetzen natürlich nicht die persönlichen Kontakte. Aber mit Hilfe der neuen Medien wird Kontaktpflege heutzutage leicht und zeitsparend. Voraussetzung ist allerdings, dass Sie neben einer E-Mail-Adresse und einem Internetanschluss auch ein Datenbanksystem zur Verwaltung Ihrer Kontakte einsetzen. E-Mail-Programme wie Outlook sind anfangs häufig ausreichend, stoßen allerdings bei vielen Kontakten an ihre Grenzen. Achten Sie bei der Auswahl eines Netzwerkes auf ein leistungsfähiges und gut funktionierendes Portal mit intelligenten Such- und Bedienungsfunktionen für Ihre Kontaktrecherche.

---

[3] Weltweites Netzwerk www.xing.de

Nach dem Informationszeitalter befinden wir uns nun im **Bewusstseinszeitalter**. Welche Bedeutung und welche Auswirkungen hat dies auf das Netzwerken?

Viele Menschen haben bereits heutzutage das Bewusstsein, dass es für eine gute Gemeinschaft unerlässlich ist, Energie einzubringen. Sie machen das gerne und sind immer wieder davon begeistert, welche Türen sich dadurch für sie öffnen. Einige geben intuitiv viel, vielleicht weil sie bereits seit langem mit einem Helfersyndrom unterwegs sind (Menschen mit Helfersyndrom und Glücklichmacher werden übrigens von Netzwerken magnetisch angezogen).
Andere wissen um die universellen Gesetze des Universums und sehen Netzwerken als ideale Möglichkeit, vom Universum genau mit den Kontakten und Impulsen versorgt zu werden, die sie brauchen. Wieder andere zapfen unwissentlich oder wissentlich Energie ab, ohne diese auszugleichen – diese Menschen befinden sich noch in einem Lernprozess.

Solange die Lernenden eine Minderheit abbilden, besteht für ein Netzwerk keine Gefahr. Aber es ist wichtig, darauf zu achten, dass nicht zu viele Menschen Energie abzapfen, sonst kann die Netzwerk-Energiebilanz kippen und ein Netzwerk ernsthaft in seinem Fortbestand gefährdet sein.

Im Bewusstseinszeitalter geht es zum einen darum, die passenden Kunden zu erkennen und diese anzuziehen, aber zum anderen geht es auch darum, auf andere Kunden, die weniger gut passen, zu verzichten.

Netzwerken hilft dabei, sich immer klarer darüber zu werden, welche Kontakte und Geschäfte gut passen und welche weniger gut passen.

Häufig werde ich darauf angesprochen, ob ich auch coache. Meine Stärke sehe ich als Beraterin, die Ressourcen mobilisiert und nicht als Coach, der Blockaden löst. Deshalb finde ich im gemeinsamen Gespräch heraus, welcher Experte für meinen (potenziellen) Kunden perfekt ist und bemühe mich um einen Kontakt. Das ist mein Beitrag und Anspruch, beste Lösungen für Kunden zu finden. Wenn mein Kunde Erwartungen an ein Netzwerk hat, die das Netzwerk unmöglich erfüllen kann, dann ist es wichtig, dies zu erkennen und entsprechend zu handeln. Dazu kann auch gehören, sich voneinander zu trennen.

Wenn ich ein neues Bewusstsein beim Netzwerken beobachte, dann meine ich damit einen wertschätzenden Umgang im Miteinander, eine neue Kultur von Geben und Nehmen, die ich als neue Netzwerkkultur bezeichnen möchte. In dieser Atmosphäre kann alles Positive gedeihen: neue Ideen und Impulse, fruchtbare Kontakte und nachhaltige Beziehungen. Wesentliche Erfolgskriterien beim Netzwerken basieren häufig auf diesem neuen Bewusstsein.

Was sind Erfolgskriterien von erfolgreichen Netzwerkern?

- ✓ **Sie haben einen hohen Bekanntheitsgrad**
- ✓ **Sie haben ein gutes Image.**
- ✓ **Sie schaffen häufig und mit Begeisterung Win-Win-Situationen.**
- ✓ **Sie sind aktiv und investieren viel Zeit in Kontakte.**
- ✓ **Sie sind sich der Bedeutung von guten und wichtigen Kontakten bewusst und pflegen diese konsequent.**
- ✓ **Sie planen Netzwerken als Marketinginstrument in ihr Business ein. Netzwerk-Treffen-Termine sind für sie feste Geschäftstermine.**
- ✓ **Sie haben gute Kooperationspartner bzw. ein Team.**
- ✓ **Sie haben klar definierte Ziele.**
- ✓ **Sie haben große Freude am Umgang mit anderen Menschen.**
- ✓ **Sie verhalten sich wertschätzend, auch in schwierigen Situationen.**
- ✓ **Sie kommunizieren klar und deutlich.**
- ✓ **Sie interessieren sich ehrlich für andere Menschen.**
- ✓ **Sie sind geradlinig und halten an ihrer Idee fest, auch wenn eine Durststrecke auftaucht**
- ✓ **Sie schauen über den eigenen Tellerrand hinaus, das bedeutet beim Vernetzen auch überregional oder branchenübergreifend.**
- ✓ **Sie haben ein gutes Zeitmanagement.**

Wenn Ihr Netzwerkerfolg noch nicht Ihren Erwartungen entspricht, dann kann Ihnen die Checkliste auf der folgenden Seite Impulse zur Optimierung geben.

Ich empfehle Ihnen, die Übung jetzt durchzuführen und auch, wenn Sie sich bei der Entscheidung, für welche Netzwerke Sie sich entscheiden sollen, nicht ganz sicher sind.

Checkliste: „Das richtige Netzwerk"

- Treffen Sie in Ihrem Netzwerk Menschen, die Ihr Arbeitsgebiet gut ergänzen?[4]
- Treffen Sie dort interessante Menschen?
- Gehen Sie gerne zu den Netzwerk-Treffen?
- Gehen Sie regelmäßig dorthin?
- Beachten Sie die Spielregeln?
- Gehen Sie auf andere Menschen zu?
- Knüpfen Sie jedes Mal neue Kontakte?
- Haben Sie immer Ihre Visitenkarten und Flyer dabei?
- Ist Ihre Kurzvorstellung kurz und spannend?
- Kommen Menschen aufgrund Ihrer Vorstellung auf Sie zu?
- Tauschen Sie mit anderen Menschen Erfahrungen aus?
- Sind Netzwerktermine für Sie Geschäftstermine?
- Erledigen Sie alles, was Sie versprechen (z. B. Kontakte herstellen oder bestimmte Informationen senden), zeitnah?
- Arbeiten Sie eine Netzwerkveranstaltung zeitnah nach (z. B. Kontakte aussortieren, wichtige Kontakte digital erfassen)?
- Wissen Sie um Ihre Besonderheit und kommunizieren Sie das auch?
- Haben Sie das Gefühl, dass andere Menschen es gerne mit Ihnen zu tun haben?

Bitte überlegen Sie, was Sie ausprobieren könnten, um einen oder mehrere Punkte zu verbessern, mit dem oder denen Sie nicht zufrieden sind.

[4] Eine Übersicht über unterschiedliche Netzwerke finden Sie z. B. in www.networkingscout.de und www.printtv.de im Bereich Service

Ich wundere mich manchmal, wenn Teilnehmer keinen Zusammenhang zwischen ihrem Verhalten und dessen Außenwirkung herstellen können:
Bsp.: Bei einem Regionaltreffen sprengte ein Teilnehmer durch seine lange Rede die Vorstellungsrunde, drückte den anderen noch den eigenen Flyer in die Hand und war so von seinem neuen Projekt eingenommen, dass er sich nicht für die Arbeit anderer Teilnehmer interessieren konnte. Hinterher erhielt ich die Rückmeldung, dass er nach diesem Treffen leider keinen Erfolg feststellen konnte, geschweige denn eine Empfehlung.

Vielleicht verhielt nicht die Gruppe sich sonderbar, sondern der fehlende Erfolg hing mit dem Verhalten dieser Person zusammen?

Netzwerkerfolg stellt sich dann ein, wenn wir das Verhalten der Gruppe als unseren persönlichen Spiegel betrachten, und wenn wir hinterfragen, was wir aus dem Verhalten anderer und aus bestimmten (besonders den nicht wünschenswerten) Situationen lernen können. Dadurch entwickeln wir uns weiter. Ich halte Netzwerken für eine ideale Spielwiese zum Reflektieren des eigenen Verhaltens und zum Ausprobieren neuer Verhaltensmuster. Auch ist ein Netzwerk das deutlich geeignetere Spielfeld zum Üben als Experimente beim Kunden. Denn im Netzwerk können wir uns ehrliche und hilfreiche Feedbacks einholen.

Für ein konstruktives Miteinander möchte ich Ihnen gerne neue Perspektiven geben bzw. diese bewusst machen. Etwas Neues beim Netzwerken auszuprobieren reizt mich immer wieder.
Geht es Ihnen vielleicht genau so?

Durch Netzwerken zum Netzwerk-Profi werden

Ich wiederhole gerne: Wenn Netzwerken noch nicht den gewünschten Erfolg hat, dann ist das lediglich ein wertvolles Indiz, dass Sie noch nicht alle Potenziale ausgeschöpft haben.

Und wenn Sie bereits erfolgreich sind, dann können Sie noch erfolgreicher werden.

In den folgenden Kapiteln lade ich Sie ein, auf Entdeckungsreise zu gehen, Ihre Potenziale immer mehr auszuschöpfen und genau zu beobachten, was Ihr Verhalten bei anderen Menschen bewirken könnte. Wenn Sie sich darauf einlassen, dann werden Sie sowohl neue Seiten an sich selbst als auch an Ihren Gesprächspartnern entdecken. Und oft genügt schon eine neue Sichtweise, um leichter und schneller zum gewünschten Erfolg zu gelangen.

Es geht also im ersten Schritt darum, nach innen zu schauen, ob wir uns auf die Erfahrung „netzwerken“ wirklich einlassen wollen.
Im zweiten Schritt entscheiden Sie für sich, wie viel Zeit und Energie Sie zu investieren bereit sind. Für diejenigen von Ihnen, die schon länger netzwerken, geht es darum, zu prüfen, inwieweit Sie sich darauf einlassen wollen, das Netzwerken als systematische Weiterentwicklung zu betrachten. Es geht auch darum, sich mit dem eigenen Verhalten auseinanderzusetzen: Wirke ich glaubwürdig und kompetent? Arbeite ich in allen Bereichen professionell? Wirke ich sympathisch? Fühle ich mich in meiner Mitte? Finden andere Menschen mich authentisch?

Werden Sie für andere Menschen ein Mensch, der strahlt[5], mit dem man gerne kooperiert und zusammenarbeitet.
Arbeiten Sie daran, für andere Menschen anziehend zu wirken. Entwickeln Sie Ihre persönliche authentische Strahlkraft, mit der Sie sich unverwechselbar im Markt positionieren.

---

[5] Markenspezialistin Christiane Fischer beschreibt dies als „Strahlkraft Ihrer Marke“ www.fischer-coaching.de

2. Schluss mit der Kundenjagd

Den Spaßfaktor halte ich beim Netzwerken für besonders wichtig. Es muss Freude bereiten, mit einer bestimmten Personengruppe regelmäßig zusammenzukommen. Man sollte schon vor einem Treffen eine Vorfreude empfinden, diese Person und jene Person zu treffen und sich anregend zu unterhalten. Wenn dies nicht gegeben ist, überprüfen Sie bitte, ob Sie das richtige Netzwerk (siehe Checkliste „Das richtige Netzwerk“) für sich gewählt haben.
Netzwerken kann auch nur Spaß machen, wenn es mit einer gewissen Leichtigkeit verbunden ist. Ich finde, diese Leichtigkeit ist bei einer Hetzjagd nach Kunden nicht gegeben. Deshalb empfehle ich, das „Kundenjagd-Denken“ („auf Kundenfang gehen“, „Kunden an Land ziehen“, „Kunden angeln“ etc.) abzulegen. Denn wenn wir uns diese Ausdrücke bildlich vorstellen, können wir sehen, dass auf der Seite des Kunden immer ein Schmerz erzeugt wird: sie werden *geangelt*, *eingefangen* oder gar *an Land gezogen.*

Stattdessen möchte ich Ihnen gerne ein neues Denken vorstellen, das wertschätzend und zugleich impulsreich ist und letztendlich zum gleichen Ziel führt: die passenden Kunden zu gewinnen. Darüber hinaus können wir mit diesem Denkmuster allerdings noch bedeutend mehr als „nur“ Kunden gewinnen.

2.1. Kunden-, Kontakte- und Impulsbrille

Um erfolgreich zu netzwerken, ist es hilfreich, öfters den Blickwinkel zu verändern, denn bei jedem Perspektivenwechsel gewinnt man neue Ideen. Dabei ist es wichtig zu wissen, dass wir nur das besonders ausgeprägt wahrnehmen, auf das wir uns konzentrieren.
Wenn Sie z. B. spazieren gehen und auf alle gelben Blumen achten, nehmen Sie die rosa Blumen am Wegesrand vermutlich nicht wahr. Und wenn Sie sich ein neues Auto kaufen, dann sind Sie überrascht, wie häufig Sie plötzlich Ihr Lieblingsmodell auf der Straße sehen.

Dies liegt daran, dass Sie Ihre Wahrnehmung dafür geschärft haben. Wofür haben Teilnehmer eines Netzwerks ihre Wahrnehmung geschärft? Welche Erwartung haben sie an ein Netzwerk, und was ist deren Motivation, einem Netzwerk beizutreten?

Es gibt im Wesentlichen folgende drei Sichtweisen, nachfolgend als Brillen bezeichnet:

- **Kundenbrille**
- **Kontaktebrille**
- **Impulsbrille.**

Mit jeder Brille nimmt man andere Ausschnitte wahr.

Häufig haben Netzwerkungeübte zunächst eine **„Kundenbrille“** auf: ihre Motivation, einem Netzwerk beizutreten, ist vorrangig die direkte Suche nach neuen Kunden. Daraus leitet sich die entsprechende Erwartungshaltung ab, im Kreis des gewählten Netzwerkes neue Kunden zu finden.
Wenn das geschieht, dann ist es erfreulich. Aber dass es sogleich geschieht, ist nicht sehr wahrscheinlich
Denn die 20-30 Personen eines Netzwerkes, die man an einem Abend kennenlernt, gehören vermutlich nicht zufällig zur eigenen Kundenzielgruppe. Man kann also nicht erwarten, sofort Geschäfte machen zu können. Jeder, der bereits länger unternehmerisch tätig ist, weiß, wie lange man akquirieren muss, um Geschäfte zu machen. Mit der Kundenbrille „scannt“ man das Netzwerk also nach (potenziellen) Kunden und Nichtkunden. Andere inspirierende Aspekte und hilfreiche Kontakte werden mit dieser Brille nicht wahrgenommen. Manche Netzwerker, die diese Brille tragen und nicht sofort neue Kunden gewinnen, glauben dann entweder, Netzwerken passe grundsätzlich nicht zu ihnen, oder das ausgewählte Netzwerk sei

einfach nicht geeignet.
Es kommt aber darauf an, die eigene Sichtweise so anzupassen, dass man vom Netzwerken in jeder Situation profitieren kann.

Menschen, die nur nach Kunden und Nichtkunden unterscheiden, haben eine „Kundenbrille“ auf, mit der sie auf wertvolle Impulse und auch manche interessante Kontakte verzichten.

Bei einem Treffen war ein Therapeut, der an diesem Tage seine Praxisgemeinschaft eröffnet hatte und natürlich sehr stolz auf diesen Schritt war. In einer Übung hatte jeder Teilnehmer die Gelegenheit, mitzuteilen, was er zurzeit gezielt suche. Der Therapeut wünschte sich selbstverständlich neue Kunden. Da er im Netzwerken unerfahren war, kam er noch nicht auf die Idee, nach Erfahrungen von Kollegen zu fragen, dabei hätte er von deren Impulsen und Informationen sicher profitieren können. Denn mit den Erfahrungen und Impulsen von erfolgreichen Unternehmern kann es leichter sein, selbst neue Kunden zu gewinnen.

In einer anderen Regionalgruppe beklagte sich ein weiblicher Gast eines Treffens empört, man sei in dieser Gruppe gar nicht auf Business aus: Als sie in der Gruppe herumgefragt habe, warum man zusammen netzwerke, habe sie von vielen Menschen die Antwort erhalten, man tausche Erfahrungen aus, man wolle sich gegenseitig unterstützen und gemeinsam etwas bewegen. Das sei nicht in ihrem Sinne. Sie suche Kunden.

Was für diese Dame nicht offensichtlich war: Die von der Gruppe genannten Punkte sind langfristig wesentlich, um neue Kunden zu gewinnen.
Durch den Austausch an Erfahrungen lernt man die Arbeit und auch Stärken anderer Menschen besser kennen. Man gewinnt Ver-

trauen in deren Arbeitsweise und wenn es sich stimmig anfühlt, wächst die Bereitschaft, die Arbeit eines anderen zu empfehlen oder selbst in Anspruch zu nehmen.

Eine Empfehlung ist nach wie vor die beste und einfachste Art der Kundengewinnung.

Durch gegenseitige Unterstützung entsteht Teamkompetenz. Wenn beispielsweise eine Büroorganisation, ein Büromaterialhändler und ein Möbelhändler zusammenarbeiten, dann kann der Kunde alles aus einer Hand erhalten, um sein Büro zu optimieren. Das wiederum schafft ein „Wir-Gefühl" bei den Anbietern, unterstützt gegenseitige Weiterempfehlung und bedeutet eine größere Kompetenz von jedem, um die verschiedensten Bedürfnisse des Kunden abzudecken. So haben sich in einer Kommune Handwerker der verschiedenen Zünfte (Schreiner, Spengler, Maler, Elektroinstallateur usw.) zu einem Kompetenzteam zusammengetan. Sie vermitteln sich gegenseitig Aufträge, stimmen sich bei parallel zu verrichtenden Aufträgen untereinander ab (was für den Kunden ein großer Vorteil ist) und machen gemeinsame Werbung, die im Alleingang finanziell nicht möglich wäre.

Auch mit gemeinsamen Aktionen wie Vorträgen oder Messeständen werden neue Kunden generiert. Aber dies ist der zweite Schritt.
Im ersten Schritt geht es darum, eine Basis zur Neukundengewinnung zu schaffen. Man kann in einer Netzwerk-Gruppe überlegen, welche Kompetenzen man zu einem attraktiven Programm bündeln könnte. Dadurch wird klarer, welche Kompetenzen sich gut ergänzen, und mit welchen Menschen eine Zusammenarbeit sinnvoll sein könnte.
Eine gemeinsame Aktion motiviert alle Beteiligten, am Ball zu bleiben. So haben wir beispielsweise für eine große Buchhandlung ein komplettes Jahresprogramm an thematisch passenden Impulsvor-

trägen und Mini-Workshops an jedem ersten Samstag im Monat zusammengestellt. Alle Vorträge sind für die Besucher kostenfrei. Das Jahresprogramm ist in einer Broschüre abgedruckt und wird von den Verkäufern an Kunden der Buchhandlung verteilt.
So unterstützen wir - die Buchhandlung und die Teilnehmer des Netzwerks - uns gegenseitig: Die Buchhandlung gewinnt für ihre Kunden an Attraktivität, verbessert damit ihr Image und steigert den Umsatz. Die Referenten gewinnen neue Kunden und interessante Kontakte, erhöhen ihren eigenen Bekanntheitsgrad und gewinnen neue Erfahrungen.
Die Arbeit ist geteilt: Die Buchhandlung übernimmt die Öffentlichkeitsarbeit, das Netzwerk gestaltet das Programm - und damit übernimmt auch jeder den Anteil, den er am besten abdecken kann.
Ein zusätzlicher Informationsstand versorgt Interessierte mit den gewünschten Informationen.
Auf diese Weise generiert eine Gruppe mit Leichtigkeit neue Kunden - aber wie bereits gesagt: im zweiten Schritt.
Der erste Schritt ist, sich gemeinsam etwas Spannendes auszudenken und miteinander etwas zu bewegen, was alleine so nicht möglich wäre.

Beim Netzwerken gewinnt man meist neue Kunden durch:

- ✓ **Empfehlung**
- ✓ **Kontaktvermittlung**
- ✓ **Gemeinsame Aktionen.**

Dies setzt voraus:

- ✓ **Arbeit anderer kennen**
- ✓ **Vertrauen**
- ✓ **Klare Positionierung**
- ✓ **Eigene Stärken kommunizieren.**

Warum ist es wichtig, sich selbst klar zu positionieren und die eigenen Stärken deutlich zu machen? Die Antwort ist einfach: es erhöht die Empfehlungsbereitschaft. Wenn wir einen anderen Anbieter empfehlen, sollten wir auch seine Stärken kommunizieren können. Dies ist nur möglich, wenn wir die passenden Informationen in unserem Gedächtnis verankert haben.

Die „Kontaktebrille“

Langjährige Netzwerker tragen gerne eine „Kontaktebrille“ – aber auch Netzwerkungeübte benutzen sie, sobald sie erste positive Erfahrungen damit gemacht haben. Denn dass man beim Netzwerken besonders auf gute Kontakte achten muss, wissen die Träger dieser Brille entweder aus eigener Erfahrung, oder sie haben es zumindest irgendwo gelesen. Dabei ist das nützlich, beim Sammeln von Kontakten strukturiert vorzugehen. Damit es Ihnen leichter fällt zu erkennen, welche Ressourcen für Sie wichtig sind, habe ich eine Netzwerktypologie (siehe Kapitel 6) entwickelt.

Natürlich spielen auch Sympathie und Professionalität eine entscheidende Rolle, wenn es darum geht, neue Kontakte aufzubauen. Hören Sie dabei auch auf Ihr Bauchgefühl.

Menschen, die Kontakte sammeln, schauen durch eine „Kontaktebrille“. Diese hat einen größeren Blickwinkel als die Kundenbrille, denn jeder Mensch hat viele Kontakte.

Doch nicht nur das Sammeln der Kontakte ist wichtig, sondern auch die regelmäßige Pflege. Denn nur gut gepflegte Kontakte kann man erfolgreich nutzen.

Schauen wir uns nochmals das Beispiel mit dem frischgebackenen Therapeuten an: welche Kontakte wären für ihn in dieser Phase

seiner Tätigkeit hilfreich? Da er seine Praxis neu eröffnet hat, braucht er ganz unterschiedliche Arten von Unterstützung:
z. B. einen Buchhalter, eine Steuerberaterin, die alle Möglichkeiten der finanziellen Unterstützung aufzeigt, einen Presseprofi, der seine Praxis möglichst schnell bekannt macht, vielleicht auch einen Vermarktungsexperten, mit dem er einen Marketingplan erstellt. Und wenn er noch keine eigene Webseite hat, könnte auch der Kontakt zu einem Webdesigner und anderen Internet-Experten wichtig sein.

In einem Netzwerk kann man für eine gezielte Kontaktsuche unterschiedliche Wege gehen: Entweder gehen Sie direkt auf Menschen in Ihrem Netzwerk zu, um eine Dienstleistung zu kaufen. Oder Sie fragen Netzwerkpartner nach ihren Empfehlungen. Wahrscheinlich nennt man Ihnen sowohl Kontakte außerhalb als auch innerhalb des Netzwerks.

Die „Impulsbrille"

Schaut man durch diese Brille, achtet man besonders auf Ideen, Anregungen und Impulse, die man von anderen Partnern erhält. Man schätzt die gegenseitige Unterstützung, die man in einem Netzwerk erfährt, und man fühlt sich bereichert durch den Austausch von verschiedenen Erfahrungen. Jeder kann von den Ideen anderer profitieren – z. B. auch von Fehlern, die andere bereits gemacht haben.
Netzwerkanfänger schauen meist noch nicht durch diese Brille, weil sie nicht daran gewöhnt sind. Langjährige Netzwerker sind von dieser Brille begeistert. Und auch Menschen, die gute Fragen stellen und dann aufmerksam zuhören, nutzen diese Brille.
Gut fragen und aufmerksam zuhören zu können sind wichtige Fähigkeiten für den eigenen Netzwerkerfolg. Die Reflektion mit anderen Menschen im Netzwerk bringt oft zündende Ideen, auf die man alleine nicht gekommen wäre – und zwar besonders dann nicht, wenn man unter Druck steht. Wenn Sie im Laufe der Zeit genügend vertrauensvolle Kontakte aufgebaut haben, können Sie auch diese in

Krisenzeiten besonders intensiv nutzen, um wieder neue Ideen zu bekommen und Lösungen zu finden.

Netzwerkprofis sehen mit der „Impulsbrille" viele Möglichkeiten, durch die Erfahrungen anderer Menschen für sich dazuzulernen und Impulse zu bekommen.

Die „Impulsbrille" ist ein Kreativwerkzeug der besonderen Güte, denn bei jedem Zusammentreffen von Menschen werden viele Impulse generiert.

Dabei ist es wichtig, sich klar zu machen, welche Impulse momentan besonders förderlich sind. Wenn ich ein erstes Buch herausgeben möchte, profitiere ich von Menschen, die damit schon Erfahrung haben. Auf einfachem Wege erfahre ich so, was sich als gut erwiesen hat: Welche Fehler sollte ich unbedingt vermeiden? Wie finde ich einen Verleger? Was muss ich beachten? Wie hoch sind die Kosten für ein Buchprojekt? Wer könnte meine Pressearbeit unterstützen?

Wenn ich im Rahmen dieser Recherche die Impulsbrille aufsetze, erhalte ich Tipps und Anregungen von Menschen, die bereits erfolgreich ein Buchprojekt realisiert haben. Ich spare dadurch viel Zeit und Geld. Würde ich im Gespräch mit diesen Menschen dagegen statt meiner Impulsbrille die Kundenbrille aufsetzen und versuchen, mein Buch gleich zu *verkaufen*, würde ich die Informationen, die mich momentan weiterbringen, gar nicht abrufen.

Ein Buch vor dem Erscheinen zu verkaufen, wird natürlich niemand versuchen. Sogar ein Anfänger wird wissen, dass er eigentlich Anregungen und Erfahrungen sucht. Aber kennen wir das aus anderen Bereichen nicht alle, dass wir manchmal das Pferd von hinten aufzäumen, indem wir den zweiten Schritt vor dem ersten versuchen? Um eine Dienstleistung oder ein Produkt perfekt zu vermarkten, bedarf es vieler Impulse und einiger Optimierungen. Hierfür ist die Impulsbrille wie geschaffen.

Insgesamt kommen Netzwerker mit der „Impulsbrille“ schneller, zielgerichteter und vor allem kostengünstiger voran als Menschen, die auf Reflektion, Austausch und Impulse verzichten.

Ich habe z. B. beim Gespräch an der Bar von einer Netzwerk-Partnerin einen wunderbaren Tipp erhalten, wie ich meine Buchidee ganz einfach und ohne Investitionen verlegen lassen kann. Das kam genau zur rechten Zeit, denn meine Suche war bisher nicht zufriedenstellend verlaufen.
Ich war restlos begeistert, als ich ihrer Idee nachging, und entschied mich sofort, diesen Weg einzuschlagen.
Diesem Gespräch zu fortgeschrittener Stunde habe ich es zu verdanken, dass ich dieses Buch nach Fertigstellung sofort veröffentlichen kann - und nicht erst in einem Jahr.

Netzwerktipp 2: inoffizielles Zusammensein
Nehmen Sie - wenn möglich - nach dem offiziellen Teil eines Netzwerk-Treffens noch an dem inoffiziellen zwanglosen Zusammensein teil. Dieser Teil kann manchmal nützlicher als das offizielle Treffen sein, denn hier werden häufig in lockerer Atmosphäre neue Geschäfte und Ideen generiert.

Um den Blickpunktwechsel zu trainieren, folgt nun eine Übung, die ich nach Netzwerk-Treffen empfehle. Sie können sie beliebig oft wiederholen. So lange Sie darin noch nicht geübt sind, ist es hilfreich, diese Übung nach jedem Netzwerk-Treffen durchzuführen.

Blickpunktampel-Übung

Setzen Sie zunächst die Kundenbrille (rot) auf und zählen Sie, wie viele Kunden Sie beim Netzwerken (diesmal) gefunden haben. Machen Sie sich anschließend eine Notiz.

____

____

Bitte setzen Sie nun die Kontaktebrille (gelb) auf. Wie viele Kontakte haben Sie (diesmal) beim Netzwerken gewonnen? Wie interessant waren diese für Sie? Machen Sie sich wieder eine Notiz.

____

____

Bitte setzen Sie nun die Impulsbrille (grün) auf. Schauen Sie, welche Impulse Sie (diesmal) beim Netzwerken erhalten haben? Von welchen Erfahrungen konnten Sie profitieren? Was hat sich für Sie verändert? Machen Sie sich auch hierzu Notizen.

____

____

Welche Brille war für mich (diesmal) die Wichtigste?

☐ rot ☐ gelb ☐ grün

Welche Schlussfolgerungen ziehen Sie aus dieser Übung?
Für Netzwerker stehen häufig auftragsbezogene Erfolge im Vordergrund, denn diese sind einfacher messbar als wichtige Kontakte und haften lange im Gedächtnis. Ein wertvoller Impuls gerät häufig in Vergessenheit. Manchmal sind wir ganz erstaunt, daran erinnert zu werden, wer oder was ein Auslöser für eine wichtige Entscheidung war.

Auch hier habe ich wieder einige Stimmen für Sie gesammelt:

Aufträge und Freundschaften durch Kontakte

„Ohne Netzwerken hätte ich einige Aufträge weniger und hätte selbst einige Aufträge an andere Menschen außerhalb des Netzwerkes vergeben. Es würden mir auch einige wichtige Sparringspartner/innen und auch Freunde und Freundinnen fehlen."

Langzeitkunde und wertvolle Bekanntschaft mit Kollegen

„Durch das Netzwerk habe ich jemanden kennengelernt, der bei mir Langzeitkunde ist, außerdem habe ich eine wertvolle Bekanntschaft mit zwei Kollegen gemacht."

Netzwerken bestärkt, den eigenen Weg weiterzugehen

„Dank der Vermittlung eines Gesprächspartners aus dem Netzwerk durfte ich einen Vortrag in einem Unternehmen halten auf Grund dessen ich einen guten Auftrag als Feng Shui Beraterin in einem Privathaus bekam. Das Netzwerken bestärkt mich aber auch auf meinem Weg, Feng Shui und Geobiologie erfolgreich und unter viel Einsatz weiter zu betreiben."

Samen säen – Früchte ernten

„Fast 90 Prozent aller Aufträge, Coachings und Seminarteilnehmer kommen aus Empfehlungen oder Netzwerken. Teilweise kann ich die Ebenen der Empfehlung nicht mehr nachvollziehen, was die Früchte von vielen Netzwerken sind.

Natürlich sind nicht nur neue Aufträge, sondern auch viele ehrliche Kontakte, neue inspirierende Ideen und viele neue Freunde das Ergebnis von aktivem Netzwerken."

Netzwerken als Lernfeld und Aufträge durch Verlinkung

„Da ich mein Geld überwiegend mit Werbung verdiene, ist Netzwerken für mich ein Lernfeld, das wirklich alle Wahrnehmungsebenen anspricht. Viele Impulse erhielt ich nämlich durch die Beobachtung anderer Partner – eigentlich mehr als durch kommunizierte Tipps.

Ich habe direkt neue Kunden gewonnen, wurde empfohlen und habe auch Aufträge durch Verlinkungen erhalten."

Netzwerktreffen wichtig für Existenzgründer

„Schon bei meinem ersten Netzwerktreffen habe ich gemerkt, wie wichtig Kontakte sind. Ich unterhielt mich mit einer Dame und erzählte, dass ich mich gerade als Schreibtrainerin selbstständig gemacht habe. Der Austausch mit ihr und auch mit anderen Teilnehmern des Treffens gab mir Energie und machte mir Mut. Ein paar Tage später kam meine erste Kundin, weil diese Dame mich weiterempfohlen hatte."

2.2. Brillenwahl und Brillenblickfeld

Brillenwahl

Sie haben nun verschiedene Sichtweisen kennengelernt. Bei der Wahl der geeigneten Brille geht es nicht um eine gute oder weniger gute Sichtweise. Es geht vielmehr darum, in jeder Begegnung wachsam und offen zu sein, um ihren Nutzen zu erfassen: verfüge ich oder mein Gegenüber über Kontakte, die dem jeweils anderen nutzen könnten - Kontaktebrille aufsetzen.
Oder hat einer von uns vielleicht eine Idee, die den anderen weiterbringt – Impulsbrille.
Möglicherweise ist mein Gesprächspartner daran interessiert, mein Angebot zu kaufen? In diesem Fall setze ich meine Kundenbrille auf.
Ansonsten können Sie die Kundenbrille beim Netzwerken außer Acht lassen, denn diese Brille tragen Sie ohnehin automatisch. Wir alle riechen es nämlich genau, wenn ein potenzieller Kunde in Sicht ist.
Beim Netzwerken geht es weniger darum, Käufer zu finden, sondern darum, Vertrauen aufzubauen, professionell aufzutreten, um empfohlen zu werden und gute Kontakte zu machen.
Dafür müssen wir andere Menschen zunächst einmal von unserer Professionalität überzeugen. Aber wir müssen auch herausfinden, ob wir menschlich gut zusammen passen.
Des Weiteren ist es wichtig, dass wir in den Köpfen anderer Menschen mit unserer Besonderheit verankert werden, damit wir zum passenden Zeitpunkt empfohlen werden. Dafür sind Gespräche nützlich. In Gesprächen finden wir auch heraus, wie wir uns gegenseitig unterstützen können, denn das schafft jede Menge Freude und damit gute Energie.

Bringen Sie die Teilnehmer eines Netzwerkes dazu, sich für Sie und Ihre Arbeit zu interessieren. Machen Sie sich beliebt, aber bleiben

Sie sich dabei selbst treu. Führen Sie interessante Gespräche, interessieren Sie sich ehrlich für andere Menschen, und nutzen Sie die Gelegenheit, durch eine gelungene Kurzvorstellung und mit einem wertvollen Beitrag Ihre Professionalität zu untermauern. Denken Sie auch immer daran, Infomaterialien wie Visitenkarten und Flyer zu den Treffen mitzubringen.

Netzwerktipp 3: Netzwerkbox
Installieren Sie in Ihrem Auto eine (kleine) Netzwerkbox mit genügend Visitenkarten und Flyern sowie andere wichtigen Materialien wie Anschauungsmuster, Probeexemplare etc. zum Netzwerken. Damit haben Sie immer alles dabei und griffbereit, auch wenn Sie nicht damit gerechnet haben, einem Menschen zu begegnen, dem Sie diese Infomaterialien gerne geben möchten.
Eine Netzwerkbox spart das Versenden von Materialien nach einem Gespräch, und dies wiederum spart Kosten und Zeit.
Ab und zu sollten Sie die Box prüfen und neu bestücken.

Brillenblickfeld

Es geht nicht nur darum, sich in der passenden Situation für die richtige Brille zu entscheiden. Es ist auch wichtig zu wissen, dass die verschiedenen Brillen unterschiedlich große Sichtfelder haben. Durch die Kundenbrille sehen wir nur den kleinsten Ausschnitt der Möglichkeiten, die ein Netzwerk bietet, denn wir sehen hier nur (potenzielle) Kunden und Nichtkunden.

Wenn die **Kundenbrille** nur den kleinsten Ausschnitt für die Möglichkeiten in einem Netzwerk bietet, macht es keinen Sinn, nur mit dieser Brille zu schauen. Und es ist auch nicht überraschend, dass einige Menschen enttäuscht sind über das Netzwerken, wenn sie nur durch diese Brille schauen.

Ein Teilnehmer stellte in der Vorstellungsrunde mit großer Begeisterung sein erstes Dritte-Welt-Projekt vor. Auf die Frage, welche Unterstützung er sich wünsche, antwortete er prompt: „Sponsoren“. Nun war in dieser Runde keiner der Anwesenden so zahlungskräftig, um sich spontan als Sponsor zur Verfügung zu stellen. Ich bot ihm an, statt der Kundenbrille die Impulsbrille aufzusetzen, indem ich fragte: „Wie interessiert sind Sie an Erfahrungen und Impulsen von Menschen, die bereits erfolgreich ein ähnliches Projekt durchgeführt haben? Würde Ihnen das vielleicht weiterhelfen?“. Er war von dieser Idee sogleich angetan, und es stellte sich heraus, dass zwei Netzwerker in dieser Gruppe mit Erfahrungen und Tipps weiterhelfen konnten und zudem einen wichtigen Kontakt vermitteln konnten.

Ein größeres Sichtfeld als die Kundenbrille bietet uns die **Kontaktebrille**, denn jeder Mensch verfügt im Durchschnitt über 500 Kontakte. Die Wahrscheinlichkeit, einen geeigneten Kontakt vermitteln zu können bzw. vermittelt zu erhalten, ist also um ein vielfaches größer als in einer Netzwerkgruppe einen Kunden zu finden. Aber damit nicht genug: manchmal weiß man auch, wer wiederum welche anderen Kontakte hat, um weiterzuhelfen. Es ist also eine fast unendliche Kette von Möglichkeiten.
Die Suche nach Kunden ist zwar einfacher als die Suche nach bestimmten Kontakten, denn mit unserer Zielgruppe befassen wir uns intensiv. Aber die gleiche Zielgruppenbestimmung sollten Sie auch für Kontakte vornehmen, die Sie sich wünschen. Denn nur wenn Sie wissen, was Sie konkret suchen, können Sie diese Kontakte auch finden. Bei Netzwerkübungen fällt mir immer wieder auf, dass die Teilnehmer bei dieser Frage sehr stark nachdenken müssen, weil sie sich damit bisher offenbar wenig befasst haben.

Um die passenden Kontakte zu finden, muss man zunächst definieren, welche Kontakte man konkret sucht.

Machen Sie sich nun eine Liste von Aufgaben, die Ihre Kompetenzen sinnvoll ergänzen. Notieren Sie außerdem, welche Kontakte Sie derzeit zur Entscheidungsfindung, Problemlösung etc. für Ihr Geschäft benötigen.
Im zweiten Schritt scannen Sie alle Ihre Kontakte und kategorisieren, in welchem Bereich Ihnen noch wichtige Kontakte fehlen. Nun haben Sie eine Liste von Kontakten, die Sie suchen.
Im dritten Schritt überlegen Sie, in welchen Netzwerken Sie die gesuchten Kontakte am leichtesten finden könnten (fragen Sie auch andere Menschen nach ihren Erfahrungen) und melden sich dort zur Teilnahme an einem Treffen an.
Auch diese Übung können Sie beliebig oft wiederholen.

Kontakte-Übung

Welche Kompetenzen suche ich derzeit? Bitte notieren Sie alle Themen und Aufgaben, die Ihnen einfallen:

Kompetenzen	suche ich/	habe ich
	☐	☐
______________________	___	___
______________________	___	___
______________________	___	___
______________________	___	___
______________________	___	___
______________________	___	___
______________________	___	___
______________________	___	___
______________________	___	___
______________________	___	___
______________________	___	___
______________________	___	___
______________________	___	___

Mit der **Impulsbrille** hat man die meisten Möglichkeiten:
Heute braucht man Erfahrungen anderer Menschen, beim nächsten Mal aktuelle Informationen zu einem bestimmten Thema. Manchmal bringt uns eine gute Frage auf einen neuen Gedanken. Oder wir gewinnen schon durch das Beobachten anderer Menschen eine schöne Idee - oder einfach dadurch, dass wir Abstand zu unserer täglichen Arbeit haben. Sogar ein uns unangenehmes Verhalten anderer Menschen kann uns anregen – wenn wir diese Brille aufhaben.
Die Impulsbrille ist daher eine immerzu sprudelnde Quelle an nützlichen Ideen. Und deshalb sind langjährige Netzwerker davon besonders begeistert.

Für Statistiker eine kleine Berechnung
Bei einer Gruppe von 20 Personen haben wir 20 potentielle Kunden, wenn wir durch die Kundenbrille schauen (wobei ich Ihnen ja schon sagte, dass vermutlich nicht jeder Netzwerkpartner in die eigene Zielgruppe passt).

Jeder Mensch hat – statistisch gesehen – durchschnittlich 500 Kontakte. Diese kommen aus den unterschiedlichsten Bereichen und Phasen Ihres Lebens: Freunde, Nachbarn, Kollegen und Geschäftspartner, Familie und entfernte Verwandte, Bekanntschaften aus dem Ort oder Ortsteil, in dem Sie wohnen und wohnten, Sportfreunde bis hin zu Klassenkameraden, mit denen Sie zusammen in der Schule waren. Eine Plattform zum Auffinden von Klassenkameraden, Absolventen und Schulfreunden ist das Portal www.stayfriends.de. Nicht vergessen dürfen Sie auch Reisebekanntschaften und alle Menschen, die sich für die gleichen Hobbys wie Sie begeistern und die Sie aufgrund dessen kennen. Und dann kommen Netzwerke und Organisationen hinzu, in denen Sie aktiv sind.
Bei der Sicht durch die Kontaktebrille multiplizieren wir 20 Teilnehmer mit je 500 Kontakten. Das sind insgesamt 10.000 Kontakte. Was bedeutet das für die Praxis? Die Chance, schnell den gewünsch-

ten Kontakt zu finden (beispielsweise einen Anwalt mit einem bestimmten Spezialgebiet), ist in einem Netzwerk deutlich einfacher zu realisieren, wenn man die hohe Zahl an Kontakten im Kopf behält, die eine Gruppe von Menschen insgesamt besitzt. Rechnet man die Kontakte der Kontakte hinzu, dann sind wir sehr schnell im Millionenbereich.

Auch wenn Sie kein Mathematiker sind:
Die Wahrscheinlichkeit, die passenden Kontakte vermittelt zu erhalten, ist statistisch deutlich höher, als direkt einen Kunden zu finden. Hinzu kommt, dass ein begeisterter Kunde natürlich ebenfalls Kontakte vermittelt - indem er Sie weiterempfiehlt.
Bei den Impulsen und Erfahrungen geht die Zahl ins Unendliche, da im Miteinander ständig Impulse fließen. Und zwar auf unterschiedlichen Ebenen.

Die Impulsbrille hat den größten Blickwinkel und trägt deshalb sehr stark zu unserem Netzwerkerfolg bei. Auch Kontakte bringen uns weiter.

Die Kundenbrille hingegen schränkt unser Sichtfeld ein und sollte beim Netzwerken nicht fokussiert werden, da man sie automatisch nutzt, wenn ein potentieller Kunde auftaucht.

Brillenresümee

Was ist für mich die größte Erkenntnis in diesem Kapitel?

____

____

____

2.3. Brillenwechsel

Wenn Sie Auto fahren und dafür eine Brille benötigen, dann ziehen Sie sicher eine Brille auf, mit der Sie gut in die Ferne schauen können. Für das Lesen von Texten nutzen Sie evtl. eine Lesebrille und im Sommer schützen Sie Ihre Augen mit einer Sonnenbrille. Es macht wenig Sinn, nachts beim Autofahren eine Sonnenbrille zu tragen, und genauso wenig bringt Sie eine Autofahrbrille beim Lesen weiter. Auch beim Netzwerken gilt es, die jeweils passende Brille zu finden und das ist anfangs nicht so einfach, wie es sich mit Lese- und Sonnenbrille verhält.

Sie können beispielsweise ein Wochenendseminar bewerben, indem Sie die Teilnehmer eines Treffens dazu einladen. Vielleicht bieten Sie den Netzwerkteilnehmern sogar einen Bonuspreis an. Der Blick: Kundenbrille. Meiner Beobachtung nach ist die Resonanz darauf meist nicht überwältigend. Deshalb versuchen Sie es zur Abwechslung mal mit einer anderen Brille: der Kontaktebrille. Sie fragen die anderen Teilnehmer, für welche Menschen Ihr Seminar interessant sein könnte. Damit setzen Sie Ihren Gesprächspartnern automatisch eine Kontaktebrille auf, die dafür sorgt, in Gedanken die eigenen Kontakte zu scannen und potentielle Interessenten zu finden. Der Vorteil: Ist Ihr Angebot nicht klar und der Nutzen nicht deutlich formuliert, wird man Sie danach fragen, und damit haben Sie wieder einen wertvollen Impuls, Ihr Angebot zu optimieren bzw. klarer auf den Punkt zu bringen. Der Blick Impulsbrille: Wenn Ihr Seminarkonzept noch nicht ganz ausgefeilt ist und Sie Ideen suchen, dann könnten Ihnen die folgenden Fragen an ausgewählte Gesprächspartner weitere Impulse geben:
„Was glauben Sie: Welche Zielgruppe könnte an dem Seminar besonders interessiert sein?"
„Welchen Nutzen erwarten Sie sich von diesem Seminar, wenn Sie sich die Beschreibung durchlesen?"
„Was gefällt Ihnen spontan gut an diesem Konzept?"

Wenn Sie eine Gemeinschaftspraxis eröffnen, sind Kontakte zu anderen Therapeuten hilfreich, die bereits erfolgreich eine Praxis eröffnet haben. Und besonders interessant sind solche Kollegen, die eine Gemeinschaftspraxis eröffnet haben. Sie können Ihnen Tipps geben für Verträge und Abrechnungssysteme für Ihre eigene Organisation. Aber auch von deren zwischenmenschlichen Problemen, die in der Zusammenarbeit in einer Gemeinschaftspraxis auftreten, können Sie viel lernen.

Für ein Sozialprojekt nützen Ihnen Kontakte zu Menschen, die schon erfolgreich Sozialprojekte organisiert haben.

Wenn Sie eine Messe veranstalten möchten, lernen Sie von Messeprofis. Auch hier ein Blick durch alle drei Brillen:
Mit der Kundenbrille schauen Sie nach potenziellen Kunden, die einen Stand auf Ihrer Messe buchen.
Durch die Kontaktebrille sammeln Sie Kontakte zu Menschen, die direkt oder indirekt zum Messeerfolg beitragen. Das kann ein nützlicher Kontakt zur Presse sein oder eine Druckerei, die günstig Plakate druckt. Vielleicht finden Sie jemanden, der die Plakate aushängen kann, damit die Besucher auf Ihre Messe aufmerksam werden. Oder ein Netzwerkpartner hat einen guten Kontakt zum Bürgermeister des Ortes, wo Ihre Messe stattfindet und erklärt sich bereit, dem Bürgermeister eine Schirmherrschaft vorzuschlagen oder einen Kontakt herzustellen.
Mit der Impulsbrille sehen Sie Dinge, die Sie noch nicht wahrgenommen haben. Jemand macht Sie z. B. drauf aufmerksam, dass eine Messe mit ähnlichem Thema zum gleichen Zeitpunkt wie zu Ihrem geplanten Termin stattfindet, oder Sie sammeln Ideen für Sponsoring und vieles mehr. Diese Impulse können für den Erfolg oder Misserfolg Ihrer Messe hauptverantwortlich sein und sind deshalb besonders wertvoll. Fragen Sie nach den Erfahrungen anderer Menschen und danach, auf was Sie bei der Planung achten würden.

Mentoring als Impulsbrille

Auch als Existenzgründer können Sie von den Erfahrungen erfolgreicher Unternehmer profitieren. Deshalb sind Mentoring-Projekte[6] auch beliebt und erfolgreich: über einen festgesetzten Zeitraum treffen sich ein erfahrener Unternehmer und ein Existenzgründer in regelmäßigen Abständen, um sich gegenseitig zu inspirieren.

Die Vorteile für Mentees (Gründer) sind dabei, dass sie bei der eigenen Businessplanung unterstützt werden, und dass ihre berufliche Situation von einem Mentor qualifiziert und neutral beurteilt wird. Der Mentor profitiert von den Fragen des Mentees, die ihm auch wieder neue Perspektiven wie Impulse zur eigenen Reflexion durch den Dialog mit dem Mentee bescheren.

Weitere Nutzenaspekte für Mentor/ -innen sind Training der Beratungskompetenzen und Feedback zum eigenen Kommunikationsverhalten durch den Austausch im Mentoring-Prozess. Der Mentor erhält Anerkennung, denn die Erfolge des Mentees fallen auch auf ihn zurück. Teilweise können sie diese direkt während der Zusammenarbeit miterleben. Der Mentor hat die Chance, eigene Werte und persönliches Erfahrungswissen im Unternehmertum an den Mentee weiterzugeben. Damit leistet er einen wertvollen Beitrag. Gegebenfalls erhält der Mentor auch Einblicke in andere Branchen und Unternehmensformen, was ebenfalls sehr bereichernd ist. Sie sehen anhand dieses Beispiels, dass wir auch im „Geben" viel gewinnen können.

Sie haben nun erfahren, wie sich unsere Sichtweise durch die Kunden-, die Kontakte- und Impulsbrille verändert. Durch unsere Sichtweisen bestimmen wir, wie nützlich bzw. weniger nützlich Netzwerken für uns sein kann. Wenn wir unsere Sichtweise erweitern und dies in der Praxis immer wieder üben, dann entwickeln wir in jeder Situation schnell ein Gefühl für den optimalen Blickwinkel.

---

[6] wie beispielsweise Mentoringprojekt www.set-hessen.de

Beim Netzwerken geht es um „Geben“ und „Nehmen“ oder um „Einbringen“ und „Abschöpfen“. Auf den vorigen Seiten habe ich beschrieben, welchen Beitrag man leisten sollte, damit ein Netzwerk gut funktioniert. Wenn wir nun alle - jeder für sich - einen Beitrag leisten, indem wir Zeit und Energie investieren, dann können wir alle in vielerlei Hinsicht profitieren.

Ihre Vorteile, wenn Sie zum richtigen Zeitpunkt die jeweils passende Kunden-, Kontakte und Impulsbrille nutzen:

- ✓ **Selbstvertrauen steigern**
- ✓ **Mehr Sicherheit bei Entscheidungen durch Empfehlungen und Referenzen**
- ✓ **Ehrliches Feedback**
- ✓ **Kundenempfehlungen**
- ✓ **Bekannter werden**
- ✓ **Image erhöhen**
- ✓ **Freunde gewinnen**
- ✓ **Kompetenzteams bilden**
- ✓ **Kooperationen und gemeinsame Aktionen**
- ✓ **Von den Erfolgreichen lernen**
- ✓ **Mehr Klarheit in Bezug auf eigene Stärken**
- ✓ **Klare Positionierung des eigenen Angebotes**
- ✓ **Einzigartigkeit finden**
- ✓ **Persönliches Wachstum**
- ✓ **Sich Mut machen**
- ✓ **Aufträge erhalten**
- ✓ **Aufträge vermitteln**
- ✓ **Gemeinsam für die Presse interessant werden**
- ✓ **Als Netzwerkprofi Vorbild sein.**

3. Wettbewerb – das war einmal

Netzwerken und Wettbewerb stehen für mich schon lange in totalem Gegensatz. Auch wenn wir in der Ausbildung oder durch die Gesellschaft auf Wettbewerbsdenken gepolt wurden: Wettbewerb bedeutet Mangeldenken, denn ich schaue darauf, was andere Menschen machen, vergleiche es mit meinem Angebot und analysiere, was die anderen besser machen. Anstatt mich auf mich und meine Stärken zu konzentrieren, habe ich immer die anderen im Fokus. Und ich lasse mich durch andere Anbieter ablenken, besonders durch diejenigen, die scheinbar das Gleiche anbieten.

Wenn ich auf andere Menschen schaue, bin ich nicht bei mir selbst. Und demzufolge ist auch meine Energie überall, aber nicht bei mir. Und wenn meine Energie nicht bei mir ist, bin ich nicht in meiner Mitte - und der gewünschte Erfolg kann sich nicht einstellen. Das wiederum ist keine gute Voraussetzung für erfolgreiches Netzwerken. Denn dafür ist es wichtig, präsent zu sein.

Dabei ist der Kuchen - also der Markt! - so groß, dass für alle genug zum Sattwerden da ist. Wenn ich jeden Tag mein Bestes gebe und das Vertrauen habe, dass genau die Kunden zu mir kommen, die zu mir und meinem Angebot passen, dann schaue ich auf die Fülle des Marktes und nicht auf den Mangel. Ich konzentriere mich auf meine Stärken und nicht auf meine Schwächen. Ich bin in meiner Kraft, sehe meine Besonderheit und bringe diese nach außen, damit mich meine Kunden auch als den passenden Anbieter erkennen können. Wenn ich mich nicht darauf fokussiere, „irgendwelche" Kunden zu finden, sondern darauf, diejenigen zu finden, die zu mir und meinem Angebot passen, macht die Arbeit richtig Spaß.
Und auch meine Kunden sind dann zufrieden, vielleicht sogar begeistert. Konzentrieren Sie sich also nicht auf den Wettbewerb, sondern auf Ihre Kunden.

Arbeiten Sie an der Positionierung Ihres Angebotes, an der Klarheit Ihrer Einzigartigkeit und kommunizieren Sie diese konsequent. Es ist Ihre Aufgabe, von einem Kunden leicht gefunden zu werden. Es ist Ihre Aufgabe, sich erfolgreich zu vermarkten! Geben Sie sich nicht damit zufrieden, einfach nur zu hoffen, irgendwie und irgendwann von irgendwelchen Kunden gefunden zu werden.
Ihre Besonderheit klar zum Ausdruck zu bringen, können Sie beim Netzwerken sehr gut üben. Manche Jungunternehmer glauben, dass eine gute Ausbildung und ein gutes Konzept genügen, um sich erfolgreich zu vermarkten. Für all diejenigen, die sich in der Startphase befinden, sei gesagt: dies ist nur das notwendige Rüstzeug, um durchzustarten. Danach geht es wirklich los und damit meine ich, Sie werden aktiv und gewinnen systematisch neue Kunden und Kooperationspartner.

Seien Sie mutig – konzentrieren Sie sich auf das, was Ihnen wirklich liegt, bei dem Sie eine starke Energie und Motivation spüren.
Sie werden beobachten, dass immer mehr Kunden leichter den Weg zu Ihnen finden, dass sich die Homogenität Ihrer Kundschaft erhöht und Ihre „Meckerkunden“ abnehmen. Sie werden auch feststellen, dass immer mehr solche Kunden zu Ihnen kommen, für die Ihr Angebot genau das Passende ist - und das macht Freude.
Ich arbeite mittlerweile daran, mich konsequent von allen Kunden zu trennen, die nicht zu mir passen, weil ich damit mehr Energie für sinnvolle Tätigkeiten habe.

Spezialisierung

Ein Allrounder zu sein, der sich nicht festlegt, sich also nicht zu spezialisieren, das können sich heutzutage nicht einmal mehr die großen Firmen leisten. Auch sie haben gelernt, Spezialisten ihrer Branche zu werden und die Sparten zu verkaufen, die nicht zu ihrer Kernkompetenz passen. Wieso soll es bei Klein- und Mittelstandsunternehmen anders funktionieren?

Am Anfang der Selbstständigkeit ist schwer zu erkennen, was die größten Stärken sind und welche Möglichkeiten genutzt werden sollten. Da hilft nur Folgendes:

- Ausprobieren, aber nicht gleich alles wieder ändern, sondern durchhalten, bis man neue Erkenntnisse hat
- Erfahrungsaustausch und Reflexion in Netzwerken und von erfolgreichen Unternehmern lernen,
- Aus- und Weiterbildung,
- Beratung durch Experten und Coaches.

Vielleicht erwidern Sie jetzt: „Mein Unternehmen ist aber zu klein/zu jung für eine Spezialisierung. Mein Kuchenstück wird dann so wenig und das kann ich mir nicht leisten." Oder: „Mein Mitbewerber bietet das aber auch an." Merken Sie, dass Sie damit wieder im Mangelbewusstsein statt in der Fülle sind?
Ich behaupte: Genau das Gegenteil ist der Fall. Je kleiner Ihr Unternehmen ist, umso klarer müssen Sie sich positionieren. Große Erfolge erlebe ich bei Menschen, die sich ganz eindeutig positionieren. Denken Sie daran, je klarer Sie Ihre Besonderheit zum Ausdruck bringen, umso einfacher gelingt es Ihrem potenziellen Kunden, Sie zu finden. Zugegeben, es gehört Mut dazu, einen Milchreisladen zu eröffnen, der nichts weiter als 23 verschiedene Sorten Milchreis anbietet. Aber für einen mutigen Unternehmer in New York war diese Idee der Erfolg schlechthin als Magnet für Touristen, Kauflustige und auch für die Presse.

Auch wenn Sie ein Full-Service-Angebot haben, ist es fürs Netzwerken wichtig, keinen Bauchladen zu präsentieren. Je weniger griffig Ihre Besonderheit ist, umso schwieriger tun sich andere Menschen, Ihre Besonderheit zu erkennen und Ihr Angebot im Gedächtnis zu behalten. Daraus folgt, dass Sie auch weniger häufig empfohlen werden.

Für Full-Service-Anbieter ist es wichtig, sich auf ein besonders interessantes Leistungsspektrum aus dem eigenen Angebot beim Netzwerken zu konzentrieren und dies bei Kurzvorstellungen oder im Zweiergespräch im Gedächtnis anderer Menschen zu verankern.

Übung: „Meine Einzigartigkeit"

Was ist meine Besonderheit, was macht mich einzigartig? Stellen Sie sich nun vor, Sie müssten einen Auftrag oder einen Vortrag an eine andere Person übertragen. Denken Sie nun an Ihre Erfahrung, Ihr Fachwissen, Ihre Stärken, Ihre Vision und Motivation, Ihren Auftritt, Ihre Werte und notieren Sie, warum es schwierig ist, eine Aufgabe zu übertragen. Das könnte sein: Ihre Kreativität, Ihre Spontaneität beim Finden guter Antworten auf Fragen, Ihre gute Intuition, Ihr Humor. Notieren Sie alles, was Ihnen einfällt und schon haben Sie eine Liste, was Sie besonders macht. Ergänzen Sie die Liste um weitere Angaben.

____

____

____

____

____

Wenn Sie sich mit dieser Übung schwer tun: Lesen Sie diese Liste mindestens einundzwanzig Tage lang täglich, um Ihre Besonderheit in sich zu verankern.

Je stärker Sie diese Liste verinnerlichen, umso mehr schwindet auch die Angst vor Wettbewerb, denn Sie erkennen, wo Sie einzigartig sind.

Haben Sie schon einmal unzufriedene Kunden gehabt, die sich vielleicht auch noch als zahlungsunwillig entpuppten? Mir erging es so in einem Existenzgründerinnenprojekt, das ich vor einigen Jahren ins Leben rief. Ich wollte in diesem Projekt zusammen mit anderen

Expertinnen Jungunternehmerinnen und Frauen in der Gründungsphase über einen längeren Zeitraum begleiten, um ihnen das Netzwerken näher zu bringen. Wir schrieben das Projekt aus und hatten sehr schnell über hundert Teilnehmerinnen. Ein schöner Erfolg, zunächst. Das Problem trat auf, als alle Teilnehmerinnen zu einem Netzwerktag zusammenkamen.

Da gab es Frauen, die von der Netzwerkidee begeistert waren und gerne lernen wollten, dies effektiv in ihren Berufsalltag zu integrieren. Da gab es aber auch Frauen in dem Projekt, die dem Netzwerken sehr skeptisch gegenüber standen.

Kurzum: Unsere Zielgruppe war sehr heterogen und wir mussten an diesem Tag hart arbeiten, um alle Frauen dort abzuholen, wo sie standen. Der Tag gelang dennoch erfolgreich, aber der Preis unseres Energieeinsatzes dafür war hoch, denn wir waren am Ende des Tages völlig erschöpft. Woran es wohl lag, dass die Gruppe so heterogen war? An den Teilnehmerinnen oder an uns, die das Projekt leiteten? Natürlich lag es an uns. Eine heterogene Zielgruppe bedeutet immer, dass man sein Projekt bzw. Angebot nicht klar positioniert hat. Oder netter ausgedrückt: dass wir noch dazu lernen dürfen.

Nach innerem Ringen schrieb ich im Jahr darauf wieder ein Existenzgründerinnenprojekt aus, gleiche Zielgruppe, gleiche Idee, aber diesmal mit folgendem Zusatz: „Wenn Sie für sich entschieden haben, dass Netzwerken für Sie wichtig ist, dann sind Sie in unserem Projekt richtig."

Was lief diesmal anders? Es meldeten sich halb so viele Frauen an. Das war eine Größenordnung, mit der wir besser arbeiten konnten. Und diese Frauen waren von Anfang an sehr engagiert und wir kamen bei unserem gemeinsamen Netzwerktag schneller voran und hatten weitaus bessere Vernetzungsergebnisse als im Vorjahr.

Warum? Wir hatten eine homogene Zielgruppe, denn diesmal erschienen nur solche Frauen, die schon überzeugt waren. Die anderen blieben einfach zu Hause.

Und dafür war der kleine Satz verantwortlich, der eine klare Positionierung unseres Projektes darstellte: „Wenn Sie für sich entschieden haben, dass…“. Wir hatten nicht nur zufriedene Kunden, sondern auch zahlungsfreudige. Und das Projekt wurde ein voller Erfolg.

Hätte ich auf den großen Kuchen der Existenzgründer geschaut und nicht den Mut gehabt, mein Projekt klar zu positionieren, wäre das Ergebnis im zweiten Jahr sicher genauso ausgefallen wie im ersten. Und hätte ich mich auf dem Markt umgesehen, wie viele Projekte und Initiativen es für Gründerinnen gibt, dann hätte mich schon im Vorfeld der Mut verlassen. Aber mit einem guten Konzept und einer klaren Positionierung wird vieles möglich.

Leuchtturm-Übung

Wie machen Sie es Ihrem Kunden in Zukunft leicht, Sie als passenden Anbieter zu erkennen? Bitte notieren Sie jetzt Ihre Ideen dazu und lesen Sie erst weiter, wenn Sie mindestens drei Punkte gefunden haben. Es dürfen natürlich auch mehr sein:

1.____

2.____

3.____

Was ist mein erster Schritt?

____

Wenn es Ihnen schwer fallen sollte, Ihre Besonderheit zu finden oder zum Ausdruck zu bringen, dann könnte Ihnen auch professionelles Coaching weiterhelfen[7].

---

[7] Erfahrene Coaches zu diesem Thema sind:
www.dianadreessen.de, www.pfad-finderin.de, www.spirit-management.de, www.gisoweyand.de , www.monika-birkner.de

4. Netzwerken spart Zeit

Dieses Kapitel ist für alle Menschen besonders interessant,

- die immer wieder ein Netzwerktreffen absagen müssen, weil sie keine Zeit haben,
- die aus Zeitmangel noch gar nicht mit dem Netzwerken durchstarten konnten,
- aber besonders für diejenigen, die ihre Netzwerkzeit noch effizienter nutzen möchten.

Keine Frage, Zeit ist kostbar. Und zwar so kostbar, dass wir es uns nicht leisten können, auf Netzwerken zu verzichten. Die Einsparpotenziale beim Netzwerken sind jedoch eher versteckter Natur, daher kommt man nicht gleich darauf, sie hinzuzuzählen:

Jedes Netzwerk-Treffen bringt uns auf neue Ideen, und mit diesen Ideen verkürzen wir unsere Arbeitszeit, um an unser Ziel zu gelangen. Wir bekommen wertvolle Impulse, wie wir noch professioneller arbeiten und auftreten können. Und ergänzend dazu nutzen wir Weiterbildung in Form von Vorträgen und Angeboten der einzelnen Teilnehmer im Netzwerk.

Besonders auf der Suche nach bestimmten Kontakten und Informationen kann man viel Zeit „verlieren". Ein Designer suchte seit Jahren eine Kooperation, um eigene Designmotive in einer Serie auf T-Shirts drucken und diese zu vermarkten zu lassen. Bei einem Netzwerk-Treffen fand er den perfekten Kooperationspartner.
Ich suchte für mein Buch einen Verleger, recherchierte im Internet und hatte einige Telefonate. Durch die Empfehlung einer Netzwerkpartnerin ersparte ich mir viele weitere Stunden mühevollen Recherchierens. Und ob ich mit meiner eigenen Suche ans gleiche Ziel gelangt wäre, ist fraglich.

Hier die Hauptbereiche, in denen man durch Netzwerken Zeit spart:

- ✓ **Finden von passenden Kontakten**
- ✓ **Schnelles Finden von gewünschten Informationen**
- ✓ **Aktuelle Informationen, die sonst mühsam zu recherchieren wären**
- ✓ **Impulse und Erfahrungen, die manchen Umweg verhindern**
- ✓ **Schnellerer Ausbau der eigenen Professionalität**
- ✓ **Synergieeffekte bei Treffen.**

Neues Zeit-Bewusstsein

Wir leben in einem Zeitalter, welches man Bewusstseinszeitalter nennt. Das bedeutet, dass uns viele Dinge bewusst werden, die wir vorher so nicht wahrgenommen haben. Auch das Bewusstsein für die Zeit selbst gehört dazu. Sie kennen vielleicht das Pareto-Prinzip: In 20 % der eingesetzten Zeit werden 80 % der Leistungen erbracht. Setzen wir dieses Prinzip wirklich konsequent um? Verzichten wir auf alle Zeitfresser, um Zeit fürs Wesentliche zu haben? Und da stellt sich gleich die Frage, was ist wesentlich? Jeder Mensch setzt andere Prioritäten.

Ein wichtiger Schritt ist zunächst, sich überhaupt Prioritäten zu setzen. Ein zweiter Schritt, diese konsequent umzusetzen. Wie sieht es beispielsweise bei Ihnen aus, wenn Sie an Ihren Schreibtisch zurückkehren: Verschaffen Sie sich zunächst einen Überblick oder starten Sie gleich mit der Arbeit durch, die Ihnen ins Auge fällt, z. B. E-Mails lesen und bearbeiten? Nehmen Sie sich genügend Zeit, zu überlegen, was das Wichtigste für Sie ist?

Viele Menschen lassen sich von einer E-Mailflut und einem blinkenden Anrufbeantworter fremdbestimmen. Zugegeben: ich mache es auch nicht immer mustergültig, aber wenn die Zeit knapp ist, dann bin ich konsequent.

Gerne lade ich Sie zu einem kleinen Prioritätentest ein, bei dem es kein „richtig“ und „falsch“ gibt.

Prioritäten-Übung
Sie kommen ins Büro zurück und haben fünf Dinge zu erledigen. Wie sieht Ihre Prioritätenliste aus?

A. Kooperationspartner (=Multiplikator) zurückrufen
B. Kündigungsbestätigung schreiben
C. einen Interessenten zurückrufen
D. eine Rechnung schreiben
E. auf E-Mail-Anfrage eines Neukunden antworten

Bitte notieren Sie, in welcher Reihenfolge Sie die Aufgaben abarbeiten: ☐☐☐☐☐

Bitte lesen Sie nicht gleich weiter, sondern nutzen Sie die Übung, um Ihre Prioritäten zu überdenken und notieren Sie das Ergebnis.

Ich persönlich würde nach Rückkehr in mein Büro folgendermaßen vorgehen: zunächst rufe ich den Kooperationspartner zurück, denn manchmal ist ein Gespräch mit einem Multiplikator genau so effizient wie einen Tag lang nur zu arbeiten. Da mir die Zufriedenheit eines Neukunden am Herzen liegt, beantworte ich als zweites die E-Mail - oder noch besser: ich rufe zurück. Denn nach meiner Erfahrung ist ein Anruf heutzutage immer wertschätzender als eine E-Mail. Und wenn ich schon beim Telefonieren bin, rufe ich auch gleich den Interessenten an. Danach schreibe ich eine Rechnung (nicht erst morgen) und zum Schluss bestätige ich die Kündigung – aber notfalls kann das bis morgen warten.

Sie haben sich anders entschieden? Auch gut. Wichtig ist, dass Sie erst dann mit der Umsetzung beginnen, nachdem Sie entschieden haben, was für Sie im Moment am wichtigsten ist.

Achten Sie bei Ihrer Prioritätenwahl auch darauf, dass Sie es dem Geld leicht machen, zu Ihnen zu kommen. Konkret bedeutet das, dass Sie niemals einen Kunden warten lassen, der etwas buchen möchte, denn sonst kann der richtige Zeitpunkt für die Kaufentscheidung vielleicht schon wieder vorbei sein.

Beim Netzwerken genieße ich es, viele Menschen auf einmal anzutreffen und damit meine Kontakte aufzufrischen. Ich freue mich, von Erfolgen anderer zu hören und ich interessiere mich auch für private Angelegenheiten. Geschäftliches und Privates bei einem netten Abendessen zu besprechen finde ich einfach entspannend.

Wie sieht es mit Ihrer Zeit fürs Netzwerken aus?

Damit Netzwerken erfolgreich ist, geht es um mehr, als nur in einem Mitgliederverzeichnis gelistet zu sein. Es geht um Ihre persönliche Präsenz, um Ihr Mitmachen. Deshalb stellt sich die Frage, wie können Sie beim Netzwerken Zeit einsparen, wo Sie doch zunächst einmal Zeit investieren, um eine Netzwerkveranstaltung zu besuchen?

Betrachten wir das Pareto-Prinzip unter einem neuen Blickwinkel, dann gibt es kaum eine synergetischere Verabredungsplattform als einen Netzwerkabend.

Ein Beispiel: Sie möchten gerne mit einem anderen Menschen zusammenarbeiten und Sie verabreden sich dazu in einem Cafe oder anderswo, um das geplante Projekt zu besprechen.

Nehmen wir an, Sie haben eine halbe Stunde Fahrzeit plus zwei Stunden Besprechungszeit, das sind insgesamt drei Stunden, grob gerechnet ein halber Tag. Dazu kommt, dass es einige Zeit dauert, bis Sie wissen, ob sich Ihr Zeiteinsatz tatsächlich gelohnt hat oder ob es für Sie „verlorene" Zeit war.

Wenn Sie dagegen vielleicht nicht nur einen, sondern gleich zwei Termine bei einem Netzwerk-Treffen mit Menschen vereinbaren, die für Sie interessant sind, dann könnte Ihr Zeitplan beispielsweise so aussehen:

17.00 h	losfahren
17.30 h	Besprechung mit A vor einem Netzwerk-Treffen
18.30 h	Netzwerktreffen: 2 interessante Neukontakte, Auffrischung bestehender Kontakte vor dem Abendessen
20.00 h	Gemeinsames Abendessen mit B beim Netzwerktreffen, Besprechung Projekt, Austausch Flyer
21.00 h	Vortrag: Neue Impulse und Informationen
21.30 h	Ein weiterer interessanter Kontakt
22.00 h	Mit vielen Visitenkarten und Ideen nach Hause fahren

Mit dieser Effizienz haben Sie in fünfeinhalb Stunden insgesamt mindestens fünf interessante Gespräche geführt und viele Anregungen durch andere Menschen, Vorträge etc. gewonnen. Statistisch gerechnet bedeutet das pro Stunde ein interessanter Kontakt! Hätten Sie alle Menschen nacheinander getroffen, hätten zwei Tage nicht ausgereicht. Finden Sie diese Zeitersparnis nicht auch faszinierend?

Synergie bedeutet, einen Netzwerkabend mit Geschäftsterminen zusammenlegen. Besonders effizient: Geschäftstermine in anderen Städten mit Netzwerk-Treffen zu verbinden.

Hierzu habe ich wieder einige synergetische Erfahrungen für Sie gesammelt:

Erfolg durch Synergie

„Ich bin in verschiedenen Netzwerken tätig. Daraus entstanden ist eines der ersten interdisziplinären Therapiezentren, mit Osteopathie, Physiotherapie, Heilpraktikern, Logopädie und Ergotherapie. Extern kooperieren wir mit Ärzten. Meine Erfahrung: Netzwerken führt zu erfolgreichen Synergien."

Gemeinsam ist man stärker und erreicht mehr

„Getreu dem Motto: Gemeinsam ist man stärker und erreicht mehr, habe ich einen Arbeitskreis ins Leben gerufen, den ich auch leite. Denn es nützt nichts, wenn ich als Architektin ökologisch und baubiologisch plane, wenn ich meinen Bauherren niemanden nennen kann, der es auch praktisch und zufriedenstellend umsetzt. Zugleich haben wir als Bauteam auch die Chance, gemeinsam Öffentlichkeitsarbeit zu machen.

Kontakte durch gemeinsamen Messestand

„Die besten Kontakte haben sich für mich durch einen großen Gemeinschaftstand ergeben. Bei dieser Gelegenheit habe ich einige Partner aus dem Netzwerk besser kennen gelernt, und wir haben auch gemeinsame Ansatzpunkte gefunden."

Nutzen Sie Aktionen und Möglichkeiten mit Synergieeffekten: Ob es ein gemeinsamer Messestand ist oder eine komplette Messe, die Sie gemeinsam planen und organisieren, ob Themenevent oder gemeinsame Pressearbeit - in der Gruppe profitieren Sie in Form von geteilter Arbeit und geteilten Kosten.

Viele Aktionen werden überhaupt nur gemeinschaftlich möglich und sind für einen Einzelkämpfer weder bezahlbar, noch in Bezug auf den Zeitaufwand möglich.

Erfolgreiche Netzwerker vereinbaren Termine, die synergetisch sind, weil sie damit mehr Zeit haben für andere Arbeiten. Für mich persönlich bedeutet das, dass ich alle Geschäftstermine auf Netzwerk-Treffen-Termine lege. Somit spare ich Zeit und Reisekosten, für meinen Gesprächspartner ist es eine interessante neue Erfahrung, und er profitiert gleichfalls durch neue Kontakte und Impulse.

Und dies muss nicht immer nur geschäftlich sein: Ich erinnere mich an die Aussage von Coach und Autorin Sabine Asgodom die Geschäftstermine gerne mit privaten Terminen verbindet, die ihr viel Freude bereiten. Das bedeutet für sie Lebensqualität.

Netzwerktipp 4: Mitfahrbörse

Sie sparen nicht zur Zeit, sondern auch Kosten, wenn Sie gemeinsam mit anderen Menschen zu einem Netzwerk-Treffen oder einer anderen Veranstaltung fahren. Dies bietet sich besonders an, wenn der Veranstaltungsort etwas weiter entfernt liegt. Bereits während der Fahrzeit können Sie sich über Neues auszutauschen und obendrein sparen Sie Benzin. Bieten Sie anderen Menschen Mitfahrgelegenheiten an.

Überlegen Sie jetzt bitte, wie Sie bei Ihrem nächsten Netzwerk-Treffen Zeit einsparen können:

Zeitersparnis-Übung

Wen könnten Sie zum nächsten Netzwerk-Treffen als Gast einladen und mitnehmen, um den bestehenden Kontakt zu intensivieren?

____

____

____

Mit wem könnten sie evtl. bereits vor dem offiziellen Start ein Gespräch unter vier Augen vereinbaren (beachten Sie dabei geographische Gesichtspunkte, halber Weg ist Zeit- und Geldersparnis)?

____

____

____

Welche Menschen möchten Sie gerne als Kooperationspartner gewinnen und nutzen dafür ein Netzwerk-Treffen, um dies voranzubringen?

____

____

____

5. Win-Win-Situationen

Win-Win (übersetzt gewinnen-gewinnen) ist in aller Munde, aber was steckt dahinter? Wenn zwei oder mehr Menschen sich gegenseitig unterstützen und darin einen Gewinn sehen, sprechen wir von einer Win-Win-Situation. Win-Win kann nur im Miteinander und nicht im Alleingang entstehen. Win-Win-Situation ziehen gerne weitere Win´s an. Es entsteht eine Kette von Win-Win-Situationen.

Win-Win-Situationen entstehen durch:

- **Gemeinsame Verwaltungen**
  - **Bildung von Einkaufsgemeinschaften**
  - **Forschungsgemeinschaften**
  - **Verkaufsbüros und Verkaufsräume**
  - **Techniksharing (Beamer etc.)**
  - **Call-Center**
  - **Sekretariate und andere Back-Office-Dienstleistungen**
  - **Seminarzentren und Seminarräume**
  - **Organisation von Veranstaltungen**
- **Synergien im Vertrieb**
  - **Verkaufsaktionen**
  - **Franchisesysteme**
  - **Nutzung gleicher Distributionskanäle**
  - **Gemeinschaftsmarken**
- **Kommunikation**
  - **Gegenseitige Empfehlung**
  - **Gemeinschaftsaktionen: Vorträge, Messestände**
  - **Gegenseitige Verlinkungen**
  - **Werbung: Werbeartikel, Broschürenwerbung**
  - **Medienaktionen: Pressearbeit**
  - **Newsletter und E-Mails**

Win-Win-Situationen beim Netzwerken entstehen häufig im Kommunikationsbereich: dieser ist für die Bildung von Win-Win attraktiv, da man ohne großen bürokratischen Aufwand schöne Erfolge erzielen kann. Die einfachste Form ist eine gegenseitige Empfehlung. Mit etwas Kreativität lassen sich aber auch komplexere Formen von Win-Win finden, z. B. wenn mehrere Experten Kompetenzteams bilden und Gemeinschaftsaktionen veranstalten: hier können gute Ideen entstehen, über welche vielleicht auch die Presse gerne berichtet.

So gibt es beispielsweise in vielen Städten eine sich regelmäßig wiederholende „Musik-Kneipennacht", wo in jedem Restaurant und in jeder Bar eine andere Musikband live spielt. Durch den Zusammenschluss zu dieser Aktion haben alle Veranstalter für diese Nacht die Erlaubnis einer verlängerten Öffnungszeit. Das Programm wird davor in Gemeinschaftsbroschüren und in der Tageszeitung abgedruckt. Dadurch werden viele Musikliebhaber auf die Aktion aufmerksam.

Eine fünffache Win-Win-Situation entsteht:

1. Die Veranstalter machen mehr Umsatz und profitieren von redaktionellen Beiträgen durch die Presse.
2. Die Stadt gewinnt das Image, etwas Besonderes anzubieten.
3. Die Besucher können eine schöne lange Musiknacht genießen, die durch einen besonderen Fahrplan des ÖPNV (Öffentlicher Personennahverkehr) noch attraktiver wird.
4. Über die Musikbands wird in der Presse ausführlich berichtet. Besonders für junge Bands ist diese Berichterstattung wertvoll, um bekannt zu werden.
5. Der ÖPNV gewinnt ein gutes Image - und evtl. auch neue Kunden, die normalerweise das Auto nehmen.

Je mehr Menschen an einer Win-Win-Situation beteiligt sind, umso größer wird in der Regel der Organisationsaufwand. Aber der Win-Win-Erfolg hängt nicht von der Größer einer Aktion ab. Empfehlenswert ist, am Anfang kleine und überschaubare Win-Win-Situationen anzustreben, bevor man größere Aktionen plant.

Gegenseitige Empfehlung

Win-Win-Situationen entstehen, wenn sich Kompetenzen gut ergänzen. So kann beispielsweise eine Gartendesignerin mit einem Architekten kooperieren. Man kann sich gegenseitig in Projekte einbinden, um Rat fragen und Aufträge vermitteln. Aber auch die Kooperation eines Architekten mit anderen Architekten ist hilfreich, weil jeder andere Besonderheiten hat. Durch ein großes Kompetenzteam erhält man auch die Chance, solche Aufträge an Land zu ziehen, die man im Alleingang nicht erhalten würde.

Seit langer Zeit veranstalte ich meine Workshops mit wechselnden Teilnehmern in einem schönen Seminarhaus. Da ich das Seminarhaus meinen Workshopteilnehmern aus Begeisterung über die liebevolle Atmosphäre weiterempfehle, gewinnt das Seminarhaus neue Kunden. Dadurch erhalte ich wiederum die Räumlichkeiten zu einem Sonderpreis und kann meine Workshops zu günstigen Preisen anbieten.
Das Seminarhaus erreicht größere Bekanntheit und neue Kunden (erstes Win). Meine Teilnehmer sparen Geld (zweites Win). Mein Gewinn ist, dass meine Seminare ausgebucht sind und wir dort einen liebevollen und guten Service erhalten (drittes Win).

Nun ein Beispiel für vollkommen verschiedene Arbeitsfelder und sich immer wieder neu ergebende Win-Win-Siutationen: wie könnten sich ein Imker und die Inhaberin einer schönen Ferienresidenz, die in der Provence keine 20 km weit auseinander wohnen, gegenseitig unterstützen? Dafür muss man etwas intensiver nachdenken. Die Inhaberin der Ferienresidenz liebt Honig - und das ist die Voraussetzung, dass sie den Honig auch ihren Gästen wärmstens empfehlen kann. Der Imker wiederum verkauft seinen Honig jeden Sonntag auf einem Markt - und kann dort Broschüren der Ferienresidenz auslegen, die ihm auch persönlich gefällt. Touristen nehmen die Broschüren mit und sind dadurch angeregt, auch den nächsten Urlaub in der Provence zu verbringen, und natürlich beim Imker wieder Honig zu kaufen.

Nach einiger Zeit kommt eine neue Idee hinzu:
Als kleine Aufmerksamkeit erhalten die Gäste der Ferienanlage jede Woche ein Geschenk des Hauses. Bei der Ankunft ist es eine Flasche Rotwein. Nun beschließt die Vermieterin, in der zweiten Woche jedem Gast ein Glas Honig zu schenken. Sie erhält den Honig zu einem Sonderpreis, und die Gäste werden dadurch auf den Imker aufmerksam. Manche möchten gerne mehr davon mit nach Hause nehmen als nur ein Glas. Die Residenz richtet ein kleines Depot ein und verkauft Honig.
Im nächsten Schritt könnte man noch weitergehen: Morgens ist auf dem Markt nicht besonders viel los. In dieser Phase könnte der Imker eine Honigprobe mit ausführlichen Erklärungen anbieten. Diese Honigprobe könnte die Inhaberin der Ferienresidenz als Anregung ihren Gästen empfehlen - und diese nutzen das besondere Angebot. Der Imker hat dadurch mehr Kundschaft und mehr Einnahmen. Die Gäste erhalten neue Informationen und einen persönlichen Service. Der Imker und die Ferienresidenz gewinnen neue Kunden und erlangen größere Bekanntheit.

Gemeinschaftsaktionen: Vorträge, Messestände
Gemeinschaftsaktionen erhöhen den Bekanntheitsgrad, sind gut fürs Image und bringen neue Erfahrungen und neue Kunden.
Besonders synergetisch sind Win-Wins zwischen solchen Partnern, die normalerweise nicht zusammenarbeiten - wie z. B. Handel und Dienstleistungen. So entstand die Idee zu einem Erlebnistag in einer Gärtnerei: An einem Samstag wurde die Gärtnerei in einen Marktplatz mit Ständen und Aktionen verwandelt. Besucher konnten sich kostenfrei zu verschiedenen Gesundheits- und Naturthemen informieren. Es wurden Impulsvorträge im Grünen angeboten, aber auch

„Qi Gong" und viele weitere Aktionen zum Erleben und Anfassen. Die Gärtnerei kümmerte sich darum, den Erlebnistag zu bewerben, die Presse berichtete redaktionell und Netzwerkteilnehmer gestalteten das Programm. So wurde aus einem „Tag der offenen Tür" ein abwechslungsreiches Programm mit vielen kostenfreien Impulsen für die Besucher (erstes Win). Der Handel machte mehr Umsatz (zweites Win) und gewann neue Kundenzielgruppen, die Netzwerkteilnehmer hatten neue Kontakte und ebenfalls neue Kunden (drittes Win): eine dreifache Win-Win-Situation.

Für die Presse interessant und berichtenswert sind häufig soziale Aktionen. Eine Ernährungsberaterin in unserem Netzwerk hatte die Idee, etwas für die Gesundheit der Kinder zu tun. Wir mieteten uns für einen Monat die Wanderausstellung „Kasimir". Bei dieser Ausstellung geht es um Aufklärung und Spiele rund um das Thema „gesundes Essen" für Kinder. Zielgruppe: Kindergärten, Schulen und Familien.
Wir veranstalteten ein 4-Wochen-Vortragsprogramm für die Erwachsenen und tägliche Aktionen wie das „gesunde Pausenbrot" für die Kinder. Mit viel Engagement seitens der Ernährungsexpertin und anderer Referenten entstand ein phantasievolles und informatives Programm. Durch die finanzielle Unterstützung einiger Zahnärzte und anderer Sponsoren konnte die Aktion erfolgreich durchgeführt werden.

Wir kommen nochmals zurück zur Win-Win-Situation zwischen der Buchhandlung und den Netzwerkpartnern (siehe Seite 48-49): die Buchhandlung bewirbt das Vortragsprogramm von Partnern im Netzwerk. Die Referenten gewinnen dadurch, weil sie niemals so viele Kontakte haben wie ein gut besuchtes Geschäft in einem Einkaufszentrum (erstes Win). Die Buchhandlung gewinnt durch die interessanten Fachvorträge an Attraktivität (zweites Win). Die Kundschaft erhält kostenfreie interessante Informationen (drittes Win). Eine Win-Win-Win-Situation.

Gegenseitige Verlinkungen

Gegenseitige Verlinkungen sind nützliche Marketingmaßnahmen für den Interneterfolg. Durch einen Linktausch kann der sogenannte Google-Pagerank steigen, was dazu führt, dass die eigene Webseite im Internet besser gefunden und dadurch häufiger besucht wird.
Sie sollten bei der Verlinkung darauf achten, dass die andere Seite thematisch ähnlich ist, denn Google hat ein ausgeklügeltes Analysesystem, in dem auch dieser Faktor für den Pagerank berücksichtigt wird. Das wahllose Sammeln von Links bringt Sie nicht wirklich weiter. Auch ist der Pagerank der verlinkten Seite wichtig. Je höher dieser ist, desto besser. Ist der Pagerank der verlinkten Seite unterhalb des eigenen Pageranks angesiedelt, dann wirkt sich das eher negativ auf die eigene Seite aus.
Besuchen Sie von Zeit zu Zeit alle gegenverlinkten Webseiten, um die Funktionalität und Aktualität der Links zu prüfen. Bei dieser Gelegenheit können Sie auch gleich überlegen, ob vielleicht ein anderes Win-Win als nur eine Gegenverlinkung möglich wäre.

Werbung: Werbeartikel, Broschürenwerbung

Gemeinsame Werbung ist eine interessante und vor allem kostengünstige Möglichkeit, den eigenen Bekanntheitsgrad zu erhöhen. Voraussetzung dafür ist, dass Ihre Werbung auch ankommt, dass Sie und der Partner die gleiche Zielgruppe ansprechen. So kann ein Existenzgründungsberater, der Experte bei Finanzen, Darlehen und öffentlichen Zuschüssen ist, gemeinsame Werbung mit einem Coach machen, der Existenzgründer berät. Wenn Sie z. B. planen, Streichhölzer als Werbemittel einzusetzen, kann jeder Partner eine der beiden Werbeflächen nutzen.

Auch kann man sich – wiederum bei gleicher Zielgruppe - gegenseitig mit einem Werbeplatz in Broschüren unterstützen oder sogar eine komplette Broschüre mit verschiedenen Experten zu einem Thema drucken. Die Möglichkeiten sind sehr vielfältig, wenn es darum geht, gemeinsam Werbung zu machen.

Medienaktionen: Pressearbeit

Den Fortschritt fördern und Service bieten[8]

Serviceleistungen und Serviceangebote sollen das Leben der Mitmenschen erleichtern und verbessern – das kann man als Fortschritt für den Einzelnen und für die Gesellschaft ansehen. Wofür stehen Sie mit Ihrem Business? Welchen Service bieten Sie an? Eine Steuerberaterin zum Beispiel kann einer Regionalzeitung, die einen Beitrag über demnächst anstehende Änderungen bei den Steuergesetzen veröffentlichen will, vorschlagen, dass sie zwei Stunden lang als Expertin für telefonische Fragen der Leser zur Verfügung steht.

Die Gartengestalterin könnte für einen Artikel mit einem saisonalen Aufhänger – „Den eigenen Garten für den Frühling fit machen" – eine Checkliste erstellen, worauf bei der Pflege der wichtigsten Gartenpflanzen zu achten ist. Oder sie könnte einen Fragebogen ausarbeiten, mit dem die Leser herausfinden, welcher Gartentyp sie sind, um Fehlplanungen zu vermeiden.

Ein Krankengymnast könnte einen Info-Kasten als Ergänzung zu einem Artikel formulieren, in dem drei wirksame Übungen gegen Rückenschmerzen beschrieben sind, die der Leser zu Hause ausprobieren kann.

Eine weitere Idee: Ob Sie als Krankengymnast oder als Trainer für beruflichen Erfolg arbeiten – überlegen Sie, ob eine Aktion, bei der die Leser des Mediums etwas gewinnen können, sinnvoll wäre. Das können zum Beispiel zehn kostenlose Massagen sein oder fünf Plätze im Seminar „Beruflicher Erfolg garantiert".

Bereiten Sie das Gespräch mit einem Medienvertreter immer gut vor, indem Sie eigene Ideen und Argumente dafür sammeln. Darüber hinaus sollten Sie beim Termin danach fragen, was denn aus Sicht der Medien ein guter Service für die Leser wäre.

---

[8] Diese Seite stammt aus dem *Praxisbuch Pressearbeit* von Andreas Lutz und Isabel Nitzsche. Die Autoren veranstalten bundesweit Workshops zum Thema ‚Effektive Pressearbeit', weitere Infos unter www.gruendungszuschuss.de/presse_ws."

Erfolgreiche Medienaktionen haben ihre eigenen Gesetze[9]
Die Praxis ist eröffnet, die Website online – was jetzt noch fehlt, ist eine Presseinformation, um die Redaktionen auf sich aufmerksam zu machen und in die Zeitung zu kommen. Leicht gesagt - aber wie? Eine Garantie für eine Veröffentlichung gibt es nicht, aber eine gut formulierte Pressemitteilung kann Interesse wecken.
Ihre Pressemitteilung hat jedoch nur dann eine echte Chance, wenn das Ereignis berichtenswert ist. Nur dann wird daraus ein Artikel, sei es, indem Ihre Meldung übernommen wird oder als Information für weitere Recherchen dient.
Erster und wichtigster Grundsatz: Ihre Pressemitteilung muss auf den ersten Blick Aufmerksamkeit erregen. Denn Redakteure bekommen täglich Dutzende von Meldungen auf den Tisch. Das bedeutet: Nach einer pfiffigen Überschrift packen Sie das Wichtigste Ihrer Meldung in den ersten Absatz – möglichst in den ersten Satz. Sachlichkeit ist die oberste Regel. Verfallen Sie nicht in Lobhudelei über Ihr Unternehmen. "Was? Wer? Wann? Wo? Wie? Warum?" sind die Leitfragen, die Sie in Ihrer Meldung objektiv beantworten sollten.
Zum sensibelsten Teil der Arbeit gehört der Presseverteiler, und es ist harte Arbeit, ihn zu erstellen: Ihre Presseinformation per E-Mail einfach an redaktion@musterzeitung.de zu schicken, wird von wenig Erfolg gekrönt sein. Sie sollten bei jeder Redaktion anrufen und nach dem verantwortlichen Redakteur fragen und nach seiner E-Mail-Adresse und/oder Fax-Nummer.
Zum Versand: Fax, Mail oder lieber per Post? Auch hier gilt: Nachfragen. Elegant und insbesondere für Online-Redaktionen geeignet: Einen Link zum PDF-Download Ihrer Pressemeldung per E-Mail schicken.
Übrigens: Auf www.humannews.de können Sie Ihre Meldung für kleines Geld online stellen. Der Pressedienst versendet sie dann an

[9] Diese Seite stammt von www.humannews.de, dem Online-Pressedienst ausschließlich für Nachrichten rund um eine ganzheitliche gesunde Lebensweise.

Gesundheitsredaktionen und stellt sie in sein Portal, wo sie von Interessenten abgerufen werden.

Auch die Einbettung von Texten (siehe S. 87-88) von anderen Autoren in Ihrem Buch, die beim jeweiligen Thema größere Kompetenz als Sie haben, lässt Win-Win´s entstehen. Denken Sie dabei an die Urheberrechte. Oder Sie schreiben gleich gemeinsam ein Buch.

Newsletter und E-Mails

Newsletter zu kreieren ist meist mit einem hohen Zeitaufwand verbunden - und wie Sie sicher wissen, werden Newsletter erst durch gute Ideen interessant. Vielleicht machen Sie es sich einfacher, indem Sie andere Themen und Impulse für Ihre Leser einbetten, die gut zu Ihrer Zielgruppe passen und Ihr eigenes Angebot ergänzen. So kann ein Thema eines Kooperationspartners den eigenen Newsletter attraktiver machen. Hohen Nutzen haben Übungen, Gewinnspiele (z. B. ein kostenfreier Seminarplatz) und Aktionen, mit denen man mit den Lesern in Dialog kommt.

Wenn Sie andere Themen in Ihren Newsletter mit aufnehmen, profitieren Sie doppelt. Ihr Newsletter gewinnt an Attraktivität, und Sie erleichtern sich die Arbeit (erstes Win). Sie geben anderen Menschen die Möglichkeit, bekannter zu werden (zweites Win).
Auch hier ist es wichtig zu hinterfragen, welche Themen gut passen, und welche Menschen Sie gerne in Ihrem Newsletter aufnehmen möchten. Wenn Sie sich auf diese Idee einlassen, dann sollten Sie sich keinesfalls mit Mittelmaß zufrieden geben.[10]

Win-Win-Situation entstehen durch kreative Ideen, durch Querdenken und durch das Probieren von scheinbar „Unmöglichem“.

[10] Weitere Ideen für Newsletter und Internet-Marketing Ideen finden Sie unter www.marke-x.de

Wie Win-Win entsteht

Wichtig ist es, unserem Gesprächspartner viele Fragen zu stellen, damit wir erfahren, was für ihn aktuell wichtig ist und was ihm weiterhelfen könnte. Achten Sie auch darauf, den anderen zu informieren. Dies und eine Ausgewogenheit der Gesprächsanteile sind eine gute Basis für neue Win-Win-Ideen.

Anfangs muss man sich erst einmal darin üben, Win-Win-Situationen zu finden. Aber wer diese Sichtweise verinnerlicht hat, ist davon begeistert. Generell gilt: je konkreter eine Vereinbarung ist, umso leichter ist die Win-Win-Situation erkennbar. Wenn man sich zwar gegenseitige Unterstützung zusichert, aber keine konkrete Handlung vereinbart, ist das Win-Win eher abstrakt, sozusagen eine Absichtserklärung.
Für Netzwerkprofis ist das kein Problem, Ungeübten empfehle ich jedoch, am Anfang konkrete Aktionen zu vereinbaren.

Kooperation braucht Klarheit – von Anfang an

Es ist wichtig, zu Beginn einer Kooperation sehr klar über die Kooperationsinhalte zu sprechen und die Erwartungen der Kooperationspartner in Einklang zu bringen. Beide Seiten müssen sich mit den vereinbarten Zielen, dem Zeitrahmen und dem vereinbarten Vorgehen wohlfühlen. Machen Sie am besten ein kleines Protokoll, in dem festgehalten wird, wer was bis wann erledigt und senden Sie dies auch an Ihren Kooperationspartner. Wenn einer von Ihnen denkt, er werde unter Druck gesetzt oder gar übervorteilt, kann kein Win-Win entstehen.
Um hier für mehr Klarheit zu sorgen, ist es nützlich, wenn Sie Ihre gemeinsame Aktivität in verschiedene Zeitphasen einteilen und Termine festlegen, an denen Sie überprüfen, ob die Zwischenziele schon erreicht sind, und wie Sie beide weiter vorgehen werden. Besonders empfehlenswert ist dies, wenn Sie mit Menschen zum ersten Mal kooperieren und noch nicht sicher sind, wie sie „gestrickt“ sind.

Und – achten Sie auf Ihr Bauchgefühl: Wenn Sie den Eindruck haben, Ihr Geschäftspartner erfüllt seinen Teil der Vereinbarung nicht, dann sprechen Sie dies an. Und wenn dies nichts nützt, beenden Sie die Kooperation.

Win-Win-Übung

Bitte schließen Sie nun die Augen und gehen Sie zurück zu einer Zeit, an die Sie sich noch gut erinnern können. Denken Sie an alle Situationen, in denen Sie bewusst oder unbewusst eine Win-Win-Situation hatten, egal ob familiär, beruflich oder mit Freunden. Lassen Sie sich dafür einige Minuten Zeit. Wenn Sie wieder in der Gegenwart angekommen sind, dann notieren Sie bitte die schönste Win-Win-Situation, die Sie erlebt haben.

___

___

___

Mein Nutzen dabei war:

___

___

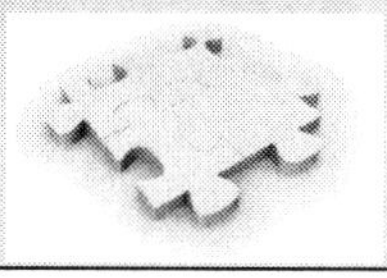

Welchen Impuls haben Sie bei dieser Übung für Ihren beruflichen Erfolg erhalten?

Häufig entstehen auch schöne Win-Win´s, wenn man andere Menschen gerne in ihrem Vorhaben unterstützt und in Form von Weiterempfehlung, Kontaktvermittlung etc. dazu beiträgt, ohne weiter darüber nachzudenken. Später macht sich dieser Beitrag in Form eines Win-Win´s bemerkbar, indem man beispielsweise selbst als Lieferant vermittelt wird.

Mit der Kontakte- und Impulsbrille kann man leichter Win-Win-Siutationen erkennen als mit der Kundenbrille. So hat beispielsweise ein Seminaranbieter druckfrische Flyer - und der Kooperationspartner kann beim Verteilen helfen, weil er auf einer Messe einen Messestand hat. Die wichtigste Voraussetzung, damit Win-Win-Situationen entstehen, ist die Pflege von persönlichen Kontakten. Mit jedem Treffen oder Telefongespräch ergeben sich neue Win-Win-Ideen.

Sie sind bisher leer ausgegangen? Dann lade ich sie ein, Ihr bisheriges Geschäftsverhalten genau zu betrachten. Woran lag es? Keine Zeit? Keine Ideen? Denken Sie, Ihr Unternehmen eignet sich nicht für Win-Win-Situationen? Welche Brille hatten Sie auf der Nase – die Impulsbrille, die Kontaktbrille - oder die Kundenbrille? Mit der Kundenbrille fällt es schwer, Win-Win-Situationen wahrzunehmen.

Je geübter man darin wird, in der jeweiligen Situation die passende Brille zu tragen, umso schneller findet sich auch eine Win-Win-Situation. Hier gilt: Übung macht den Meister.

Auch Nein sagen gehört dazu

Wenn Sie erfolgreich netzwerken, dann achten Sie auf eine Harmonie zwischen „Geben" und „Nehmen". Wenn Sie jemandem keinen Rat geben wollen, weil er ihnen vielleicht nicht sympathisch ist, dann tun Sie es nicht. Netzwerken verpflichtet Sie nicht, etwas zu tun, was Sie nicht gerne tun wollen. Alles, was Sie in diesem Rahmen tun, sollten Sie gerne tun. Wenn Sie sich gerne in Form eines Vortrags einbringen, prima. Wenn Ihnen das ein Gräuel ist, dann lassen Sie es.

6. Erkennen Sie Ihren Netzwerktyp!

Netzwerken bedeutet „im Netz werken". „Werken" ist ein anderes Wort für Arbeiten. Es geht also beim Netzwerken darum, etwas zu tun – und zwar für eine Gruppe von Menschen, nämlich das Netz. Man leistet einen Beitrag.
Da stellt sich die Frage: Welchen Beitrag können wir leisten?

Wir alle haben Stärken. Manche Stärken sind für das Netzwerken besonders gut geeignet. Wenn wir uns diese bewusst machen, können wir sie beim Aufbau und der Pflege von Kontakten gezielt einsetzen und uns gegenseitig unterstützen. Welche Ihrer Stärken und Charaktereigenschaften sind beim Netzwerken besonders nützlich?

Aufgrund meiner Beobachtung habe ich eine Netzwerktypologie mit sieben verschiedenen Typen entwickelt, mit der ich gerne in meinen Workshops arbeite. Bitte verzeihen Sie meine saloppe Darstellungsweise dieser Typen, die Sie sicher zum Schmunzeln bringen wird. Anhand dieser Typen werden Sie sich Ihrer eigenen Stärken bewusst, und Sie erkennen, welche Stärken anderer Menschen auch Sie wiederum bewusst und wertschätzend für Ihren eigenen Erfolg nutzen können.

Bitte studieren Sie die folgenden sieben Typen und überlegen Sie anschließend:

1. In welchen Netzwerktypen finden Sie sich besonders stark wieder?
2. Durch welche anderen Netzwerktypen werden Ihre eigenen Stärken gut ergänzt?

6.1. Der Idealist

Kennen Sie Menschen mit einem Sprachfehler? Nämlich dem Sprachfehler, nicht „Nein“ sagen zu können? Das ist natürlich überzogen. Aber was diese Menschen auszeichnet: sie sind hilfsbereit, kämpfen für die Sache und stecken viel Energie in Projekte, die sie für gut befinden. Der Profit steht im Hintergrund, die gute Sache zählt.

Stärken des Idealisten beim Netzwerken

Ohne Idealisten gäbe es keine Netzwerke, denn sie bauen mit viel Engagement Netzwerke auf, rufen regionale Gruppen ins Leben oder planen Veranstaltungen, Messen, gemeinsame Projekte und vieles mehr. Sie fragen nicht danach, wie viel Geld und Kunden das bringt, sondern Sie unterstützen eine gute Idee einfach, weil sie gut ist. Idealisten arbeiten auch gerne bei sozialen Projekten mit und sind damit Wohltäter von Mensch, Natur etc., denn durch ihre Arbeit entstehen z. B. Infoveranstaltungen zu bestimmten Themen, Kongresse, Aktionstage und vieles mehr.

Mit wem sich der Idealist vernetzen sollte (die nachfolgenden Typen werden auf den nächsten Seiten ausführlich beschrieben)

- ✓ Realist (der kann besser Nein sagen)
- ✓ Macher (damit Projekte auf mehreren Schultern verteilt werden)
- ✓ Strukturierte (damit Projekte effizient werden).

Tipps für den Idealisten

- o Vorsicht vor „Energieräubern“
- o Nein sagen, wenn Sie etwas nicht gut finden
- o immer wieder Prioritäten setzen und einhalten, um sich nicht zu verzetteln

Übung Idealist

Welche Menschen aus Ihrem persönlichen Netzwerk würden Sie als Idealisten bezeichnen? Bitte notieren sie sich Namen, die Ihnen einfallen.

Bei welchen Themen könnte Ihnen dieser Typ Mensch zurzeit weiterhelfen?

Konkrete Ideen zur Umsetzung:

6.2. Der Macher

Er ist ein Mensch der Tat: egal, was es zu realisieren gibt, der Macher ist verkaufsstark und kann sich selbst gut vermarkten. Vielleicht ist er nicht unbedingt derjenige, der am laufenden Band Ideen produziert, aber wenn er von einer Idee begeistert ist, dann wird er richtig aktiv.

Stärken des Machers beim Netzwerken

Möchten Sie gemeinsame Projekte realisieren und brauchen dafür Sponsoring oder die Unterstützung bestimmter Menschen? Dann sollten Sie einen Macher einschalten. Der Macher hat keine Scheu, auf fremde Menschen zuzugehen. Er ist gut darin, Konzepte zu verkaufen, und er schreckt auch nicht davor zurück, einen Termin mit dem Bürgermeister zu vereinbaren oder die Presse anzurufen, um ein Projekt durchzuführen.

Besonders zeichnet ihn aus, dass er kräftig mit anpackt und auch nicht kneift, wenn sich etwas schwieriger gestaltet als erwartet. Der Macher hilft, gute Ideen in die Tat umzusetzen, ist lösungsorientiert und bleibt an einer Sache dran.

Mit wem sich der Macher vernetzen sollte

- ✓ Kreative (als Ideen- und Impulsgeber)
- ✓ Visionäre (für die Entwicklung von eigenen Visionen)
- ✓ Idealisten (gemeinsam mehr erreichen).

Tipps für den Macher

- gut auf die eigenen Ressourcen achten
- Aufgaben gleichmäßig auch an andere verteilen
- sich genügend Zeit zum Nachdenken nehmen

Übung Macher

Welche Menschen aus Ihrem persönlichen Netzwerk würden Sie als Macher bezeichnen? Bitte notieren sie sich Namen, die Ihnen einfallen.

____

____

____

Bei welchen Themen könnte Ihnen dieser Typ Mensch zurzeit weiterhelfen?

____

____

____

Konkrete Ideen zur Umsetzung:

____

____

____

6.3. Der Mutige

Mutige zeichnen sich besonders durch ihre Entscheidungsfreude aus: während andere für eine Entscheidung über ihren Plus-Minus-Listen grübeln, hat der Mutige meist schon entschieden. Auch vor Entscheidungen mit großen Konsequenzen zaudert der Mutige nicht lange. Und deshalb kann er auch schon mal Berge versetzen.

Stärken des Mutigen beim Netzwerken

Planen Sie richtig große Projekte? Dann sind die Mutigen die richtige Anlaufstelle, denn sie fördern große Ideen, planen in anderen Dimensionen und sind auch bei der Umsetzung aktiv. Manchmal fehlt einfach der Mut, eine große Sache wirklich anzupacken. Da tritt der Mutige in Kraft und hilft, dass die gute Idee ein Erfolg wird.

Mit wem sich der Mutige vernetzen sollte

- ✓ Strukturierte (sie können große Pläne in realisierbare Einzelschritte einteilen)
- ✓ Kreative (sie bringen die nötigen Ideen)
- ✓ Realisten (sie hinterfragen kritisch und helfen, sich nicht zu verplanen)

Tipps für den Mutigen

- o Erfahrungen vorsichtiger Menschen sind auch wertvoll
- o Entscheidungen gut reflektieren
- o für große Entscheidungen ein gutes Fundament schaffen

Übung Mutige

Welche Menschen aus Ihrem persönlichen Netzwerk würden Sie als Mutigen bezeichnen? Bitte notieren sie sich Namen, die Ihnen einfallen.

____

____

____

Bei welchen Themen könnte Ihnen dieser Typ Mensch zurzeit weiterhelfen?

____

____

____

Konkrete Ideen zur Umsetzung:

____

____

____

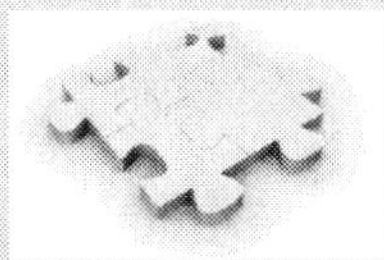

6.4. Der Kreative

Kennen Sie Menschen, die vor Ideen nur so sprudeln und sich schnell begeistern können? Häufig entstehen in Windeseile aus Gedanken gute Ideen und wunderbare Projekte, Kooperationen und vieles mehr. Kreative sind schon deshalb beliebt, weil sie eine unerschöpfliche Quelle für gute Ideen sind. Häufig hat man nach einem Gespräch mit einem Kreativen so viele Anregungen, dass es schwer fällt zu entscheiden, welche man nun prüfen und realisieren möchte.

Stärken des Kreativen beim Netzwerken

Fehlen Ihnen Ideen für gute Projekte oder ist der eigene Kopf leer für die „zündende Idee“? Brauchen Sie für eine Netzwerkgruppe oder Ihr Geschäft frischen Wind und neue Konzepte? Dann machen Sie ein Brainstorming mit Kreativen, denn diese Menschen haben eine unglaubliche Fülle an interessanten Gedanken und Ideen. Kreative gehen dabei nicht leer aus, denn sie gewinnen im Austausch neue Impulse für ihre eigene Arbeit.

Mit wem sich der Kreative vernetzen sollte

- ✓ Realist (er klopft die Realisierbarkeit ab)
- ✓ Macher (damit Ideen nicht nur Ideen bleiben, sondern auch umgesetzt werden)
- ✓ Strukturierte (er gibt der Idee die nötige Struktur)

Tipps für den Kreativen

- o nicht ungefragt wichtige Impulse geben
- o weniger ist mehr: Platzieren Sie Ihre Ideen so, dass Sie wertgeschätzt werden
- o Prioritäten setzen für die Umsetzung von Ideen

Übung Kreative

Welche Menschen aus Ihrem persönlichen Netzwerk würden Sie als Kreative bezeichnen? Bitte notieren sie sich Namen, die Ihnen einfallen.

Bei welchen Themen könnte Ihnen dieser Typ Mensch zurzeit weiterhelfen?

Konkrete Ideen zur Umsetzung:

6.5. Der Strukturierte

Konzepte und Projekte brauchen eine gute Planung und Organisation für ein erfolgreiches Gelingen. Oft können ideenreiche Menschen diesen Bereich weniger gut abdecken. Der Strukturierte kümmert sich bei einem Projekt um den nötigen Ablaufplan, kalkuliert das Budget, verteilt Verantwortlichkeiten und macht Checklisten, die nicht in der Schublade verschwinden, sondern regelmäßig überprüft werden. Mit ihm werden Projekte durchführbar.

Stärken des Strukturierten beim Netzwerken

Strukturierte sind ordnungsliebend und denken praktisch. Sie achten auf Klarheit in der Kommunikation und auf die Durchführbarkeit von Projekten. Mit ihnen laufen Projekte nicht aus dem Ruder, und Budgets werden nicht maßlos überzogen. Sie kommunizieren ausreichend und stichpunktartig über den neuesten Stand eines Projektes. Und bei Übergabe von Unterlagen können Sie davon ausgehen, keine Lose-Blatt-Sammlung überreicht zu bekommen.

Mit wem sich der Strukturierte vernetzen sollte

- ✓ Visionär (gibt neue Blickpunkte)
- ✓ Macher (setzt Struktur um)
- ✓ Idealist (hilft bei der Umsetzung)

Tipps für den Strukturierten

- o Sich nicht so viel aufbürden
- o Verantwortung klären
- o Strukturen geben und dann delegieren

Übung Strukturierte

Welche Menschen aus Ihrem persönlichen Netzwerk würden Sie als Strukturierte bezeichnen? Bitte notieren sie sich Namen, die Ihnen einfallen.

____

____

____

Bei welchen Themen könnte Ihnen dieser Typ Mensch zurzeit weiterhelfen?

____

____

____

Konkrete Ideen zur Umsetzung:

____

____

____

6.6. Der Visionär

Haben Sie den Eindruck, dass Sie zwar über gute Ideen verfügen und auch mit der Umsetzung gut zurechtkommen, aber dass Ihnen die wirklich große Vision fehlt? Dass das, was Sie eben tun, vielleicht noch nicht Ihre Berufung ist? Dann vernetzen Sie sich mit Visionären. Diese sind sehr kreativ und werden häufig als „Spinner“ abgetan, weil viele Ideen zu weit von der Normalität entfernt sind. Aber genau um diese „Spinnerei“ geht es, wenn wir Visionen entwickeln wollen, denn eine Vision ist häufig zum Zeitpunkt der Entstehung ein Traum, da z. B. der Markt dafür noch gar nicht vorhanden ist.

Stärken des Visionärs beim Netzwerken

Visionäre sind höchst innovative Menschen und ihrer Zeit manchmal um zehn Jahre voraus. Einige davon haben es sich zur beruflichen Aufgabe gemacht, anderen zu ihren eigenen Visionen zu verhelfen. Visionäre sprechen vollkommen neue Themen an oder bringen Themen in neue Verbindungen. Die Stärke dieses Weitblicks gilt es zu nutzen.

Mit wem sich der Visionär vernetzen sollte

- ✓ Strukturierte (denkt praktisch)
- ✓ Mutige (um die Vision wirklich umzusetzen)
- ✓ Macher (um die Vision aktiv voranzubringen)

Tipps für den Visionär

- o kleine Schritte planen, um die Vision täglich ein Stück mehr zu verwirklichen
- o sich jeden Tag mit seiner Vision beschäftigen
- o sich auch mit naheliegenden Aufgaben beschäftigen und nicht nur „visionieren“

Übung Visionär

Welche Menschen aus Ihrem persönlichen Netzwerk würden Sie als Visionäre bezeichnen? Bitte notieren sie sich Namen, die Ihnen einfallen.

Bei welchen Themen könnte Ihnen dieser Typ Mensch zurzeit weiterhelfen?

Konkrete Ideen zur Umsetzung:

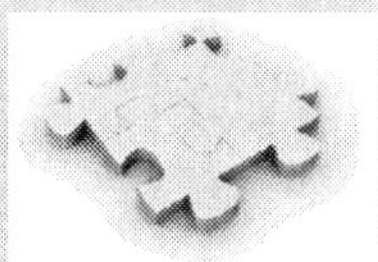

6.7. Der Realist

Der Realist genießt oft weniger große Beliebtheit, weil er Ideen und Projekte auf ihre Umsetzbarkeit kritisch hinterfragt. Er stellt viele Fragen, die zum Teil auch unangenehm sind wie: Ist genügend Budget vorhanden? Ist der Zeitplan realistisch? Wer ist überhaupt für das Projekt verantwortlich? Wer kümmert sich um was und wann und wie?
Hören Sie genau auf diese Fragen und seien Sie dankbar dafür, denn diese Fragen sparen Ihnen Zeit und Geld.

Stärken des Realisten beim Netzwerken

Der Realist redet nicht lange um den heißen Brei, er hinterfragt kritisch und sortiert aus. Was nicht passt oder noch zu unausgegoren ist, wird verworfen. Sein Input ist deshalb besonders wertvoll, weil er Ideen und Projekte auf den Boden der Tatsachen zurückholt. Jedes Konzept braucht neben guten Ideen eben auch Klarheit, eine vernünftige Planung - und es muss später konkret organisiert werden. Bei jedem wichtigen Projekt kann man auf einen Realisten im Team nicht verzichten, wenn das Zeit- und Geldbudget eingehalten werden soll.

Mit wem sich der Realist vernetzen sollte

- ✓ Idealist (kämpft für eine gute Idee)
- ✓ Mutige (hat Mut, sich zu entscheiden)
- ✓ Kreative (bringt kreative Impulse zur Umsetzung)

Tipps für den Realisten

- Entscheidungsfreude üben
- Optimisten um sich scharen
- sich täglich anhand seiner Vision motivieren und entsprechend handeln

Übung Realist

Welche Menschen aus Ihrem persönlichen Netzwerk würden Sie als Realisten bezeichnen? Bitte notieren sie sich Namen, die Ihnen einfallen.

Bei welchen Themen könnte Ihnen dieser Typ Mensch zurzeit weiterhelfen?

Konkrete Ideen zur Umsetzung:

Hier sehen Sie alle Netzwerktypen nochmals als Übersicht.

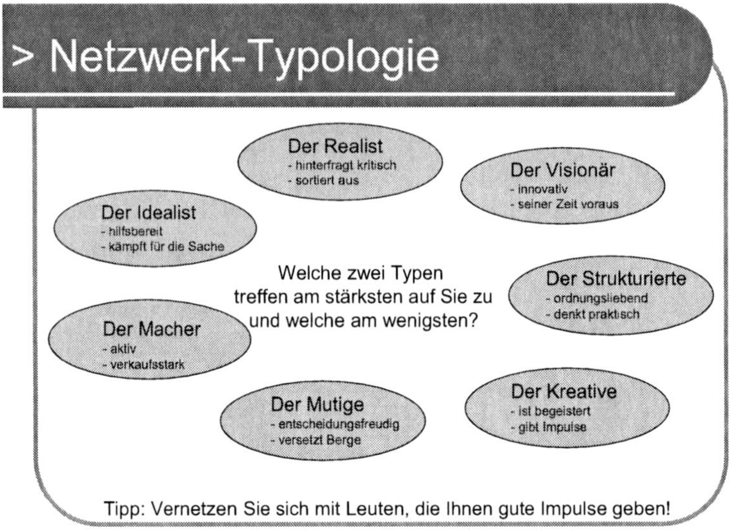

Vielleicht ist Ihnen bei der Übung aufgefallen, dass man von einem Typen mehr Menschen kennt als von einem anderen. Vielleicht fragen Sie sich auch: Wie kann man die einzelnen Typen unterscheiden, wenn man die Leute zum ersten Mal sieht? Wie unterscheidet sich der Strukturierte von einem Kreativen?

Manchmal ist das einfacher herauszufinden als man denkt. Hören Sie einfach zu, was Ihnen Ihr Gesprächspartner erzählt, und fragen Sie viel. Das gibt wichtige Hinweise auf seine Stärken, denn davon erzählt jeder gerne.

Hilfreich ist es auch, Menschen zu beobachten: Wenn Ihr Gegenüber einen überquellenden Kalender aufschlägt, aus dem ein paar Visitenkarten zu Boden segeln, haben Sie wahrscheinlich einen Kreativen vor sich. Holt Ihr Gesprächspartner aus einer ordentlich aussehenden Handtasche einen Palmtop, in den er seine Notizen gewissenhaft einträgt, nachdem er sein soeben verrutschtes Besteck wieder ordentlich hingelegt hat, handelt es sich eher um einen Struk-

turierten. Und wenn der Gast schwärmerisch und mit glasigen Augen von Geschäftsideen spricht, die Ihnen kaum umsetzbar erscheinen, ist er möglicherweise ein Visionär.
Aber dies sind natürlich nur Indizien – auch ein kreativer Mensch kann einen Palmtop benutzen, und auch eine strukturierte Persönlichkeit kann auf den ersten Blick chaotisch wirken.
Seien Sie einfach wachsam, offen und neugierig. Sie erfahren dann schon das Wesentliche.

Netzwerk-Typologie-Übung

Bitte entscheiden Sie nun, welche zwei Typen am stärksten auf Sie zutreffen und welche beiden Typen am wenigsten?

+ ____________________ - ____________________

+ ____________________ - ____________________

Mit dieser neuen Erkenntnis können Sie nun Ihre Stärken beim Netzwerken gezielter einsetzen. Lernen Sie zunächst, selbst wertschätzend mit Ihren eigenen Stärken umzugehen. Das tun Sie, indem Sie beispielsweise nicht sofort mit Ihren Ideen lossprudeln, sondern Ihren Gesprächspartner fragen, ob dieser an einem vielleicht wertvollen Impuls interessiert sei. Der Aufmerksamkeitsgrad Ihres Gesprächspartners erhöht sich mit dieser Frage sofort. Achten Sie darauf, Ihre Stärken gut zu platzieren.

Netzwerktipp 5: Stärken

Achten Sie in Zukunft bei Ihren Kontakten mehr auf die Stärken anderer Menschen. Wenn Sie ein wichtiges Projekt durchführen, dann achten Sie darauf, dass Sie sich von jedem Typ einen Teilnehmer ins Projektteam holen, damit Sie gemeinsam alle Aufgaben gut meistern.

Auch sehr interessant: Wie nehmen andere Menschen Sie wahr?

Spiegel-Übung

Sie zeigen die Grafik mit der Netzwerk-Typologie auf der vorherigen Seite drei Personen, die diese Netzwerk-Typologie ebenfalls kennen und bitten sie, die beiden Typen, die am stärksten auf Sie zutreffen zu benennen und die beiden Typen, die Sie am besten ergänzen.

Bitte vergleichen Sie Selbsteinschätzung und Fremdeinschätzung. Welche Erkenntnis ziehen Sie daraus?

1. Person

1.____

2.____

2. Person

1.____

2.____

3. Person

1.____

2.____

Meine Erkenntnis:

____

____

Bei Netzwerk-Treffen kommt es häufig vor, dass sich alle Kreativen an einem Tisch wiederfinden, am nächsten Tisch sitzen dann die Strukturierten usw. Gleich und gleich gesellt sich gern. Aber wenn Sie an neuen Impulsen interessiert sind, dann setzen Sie sich zu Menschen, die Sie nicht kennen bzw. die ganz anders denken als Sie.

Da kann eine Unterhaltung vielleicht etwas anstrengender sein, in jedem Fall ist es eine neue Perspektive und damit ein Gewinn.

Vervollständigen Sie die Liste mit Namen der Menschen, deren Stärken Ihre eigenen Stärken gut ergänzen und fragen Sie gezielt nach Unterstützung, wenn Sie den Austausch suchen.

Kooperationspartner-Stärken-Übung
Schreiben Sie nun eine Namensliste von Kooperationspartnern und ordnen Sie die Namen den einzelnen Typen zu. Analysieren Sie anschließend, ob alle Typen vertreten sind. Ist dies nicht der Fall, dann suchen Sie in den nächsten vier Wochen gezielt Menschen, die den fehlenden Typen zuzuordnen sind.

Stärken	Namen
Idealist	________________________
Macher	________________________
Mutige	________________________
Kreative	________________________
Strukturierte	________________________
Visionär	________________________
Realist	________________________

Was fällt Ihnen auf, wenn Sie diese Übung machen? Häufig haben wir für bestimmte Typen mehr Vorliebe als für andere Typen. Und genau hier geht es um eine gute Balance.

Nehmen Sie anschließend Kontakt zu diesen Menschen auf und vereinbaren Sie, sich wieder zu treffen. Vielleicht laden Sie diese Menschen zu einem Netzwerk-Treffen ein - und schon haben Sie wieder synergetisch geplant.

7. Multiplikatoren

Kontakte sind wichtig für unseren Erfolg. Sie haben erfahren, wie wichtig es ist, durch die jeweils richtige Brille zu schauen, um die passenden Kontakte, Impulse und Kunden zu finden. Sie erinnern sich auch an die durchschnittlich 500 Kontakte, die jeder hat? Im letzten Kapitel habe ich Ihnen gezeigt, dass es wichtig sein kann, neben den Kompetenzen auch auf den Netzwerktyp zu achten.

150 Kontakte als natürliche Obergrenze

Nun möchte ich Sie gerne noch mit einer weiteren wichtigen Zahl vertraut machen. Es gibt eine natürliche Grenze, die man „gesellschaftliche Kanalkapazität" nennt. Was steckt dahinter?
Robin Dunbar ist ein englischer Evolutionspsychologe an der Universität von Liverpool. Er hat sich auf die Beobachtung einerseits von Menschen und andererseits von Primaten spezialisiert und herausgefunden, dass irgendwo eine Obergrenze für Kontakte und Zusammenhalt erreicht ist.

Dunbar stellte einen Zusammenhang fest zwischen dem Gehirnvolumen von Säugetieren und der maximalen Gruppengröße, in denen diese Säuger jeweils leben. Für den Menschen liegt diese Zahl bei knapp 150. Damit ist die Menge an Kontakten, die ein Mensch *handhaben* kann gemeint und die Beziehungen zu Menschen, mit denen man spontan etwas unternehmen kann, weil man eine gewisse Nähe hat. Man kann sich also zu einer Tasse Kaffee verabreden, ohne dass es komisch bzw. aufgesetzt wirkt. Seine Forschungen ergaben, dass jeder Mensch maximal 150 nahe bzw. sinnvolle Beziehungen verkraftet.

Diese Zahl hat als „Dunbar's Number" in verschiedene Bücher über Wirtschaft und Kommunikation Eingang gefunden.

Auch eine High-Tech-Firma in Amerika, die wasserfeste Spezialstoffe herstellt, baut die Firmenstruktur unter Einbeziehung dieser Information auf. Alle Einheiten überschreiten nicht die Grenze von 150 Mitarbeitern, um ohne Hierarchien und unter Einbeziehung aller Talente der Mitarbeiter in kurzer Zeit die perfekten technischen Lösungen zu finden.
Es ist also offenbar nicht möglich, zu beliebig vielen Menschen einen guten Kontakt zu halten. Wenn Sie die Grenze von 150 Menschen einfach als gegeben hinnehmen (oder überprüfen Sie einfach die Zahl Ihrer engeren Kontakte anhand einer Namensliste), bedeutet dies, dass jeder passende Kontakt wichtig ist, um erfolgreich zu sein. Anders ausgedrückt: Nur mit den „richtigen" Kontakten sichern Sie sich Ihren Netzwerkerfolg.
Aus diesem Grund ist es umso wichtiger, jeden Kontakt mit größter Sorgfalt auszusuchen. Das wahllose Sammeln von Adressen und Vernetzen in Internetforen kostet Sie nur Zeit, bringt Sie aber nicht wirklich weiter. Viele Menschen bemerken dies nach einer Phase, in der sie euphorisch Kontakte gesammelt haben, ohne diese sinnvoll zu nutzen und konzentrieren sich nun wirklich auf für sie bedeutende Netzwerke und Portale. Dies ist eine wichtige Erfahrung, die vielleicht jeder Netzwerker selbst machen muss.

Was bringt Sie nun wirklich weiter?
Besonders synergetisch ist die Zusammenarbeit mit Multiplikatoren. Meine Definition:

Multiplikatoren sind Menschen,

- **die über viele für Sie gute Kontakte verfügen,**
- **die von Ihrer Arbeit begeistert sind**
- **und die Sie jederzeit gerne weiterempfehlen.**

Diesen Begriff habe ich fürs Netzwerken anders ausgelegt, als wir diesen von Presse oder Politik kennen. Ich meine damit wirklich Menschen, die von Ihrer Arbeit begeistert sind – nicht nur von ihrer eigenen. Es könnten Menschen sein, denen Sie weitergeholfen haben, die von Ihrer Kompetenz überzeugt sind, oder denen Sie aus einem anderen Grund ein Vorbild sind. Jemand, der von Ihnen begeistert ist, hat eine besondere Motivation, Sie weiter zu empfehlen. Versorgen Sie Ihre Multiplikatoren mit aktuellen Informationen und kümmern Sie sich persönlich um sie. Bei meinen Workshopteilnehmern stelle ich immer wieder fest, dass sie ihre Kunden als Weiterempfehler oft vernachlässigen.

Wichtig ist auf jedem Fall, dass die Person Sie jederzeit gerne weiterempfiehlt: wenn Sie z. B. ein erfolgreicher Insolvenzberater sind, dann haben Sie begeisterte Kunden, wenn Sie deren Insolvenz abwenden. Sie werden aber sicherlich nicht weiterempfohlen, weil das Thema tabu ist. Da müssen Sie andere Multiplikatoren suchen – z. B. Anlaufstellen für Unternehmer in Krisensituationen.

Konzentration auf motivierte und einflussreiche Menschen

Eine andere Sichtweise, Multiplikatoren zu benennen, ist, sich auf Menschen zu konzentrieren, die entweder eine besonders hohe Motivation haben und/oder auf andere Menschen großen Einfluss nehmen können. Malcolm Gladwell unterscheidet in seinem Buch „Tipping Point" nach Kenner, Vermittler und Verkäufer.[11] Da ich diese Sichtweise auch fürs Netzwerken interessant und nützlich finde, möchte ich Ihnen diese nicht vorenthalten:

Ein Beispiel: Ich habe vor einiger Zeit in unserem Portal ohne Vorankündigung und begleitende Information eine neue Funktion für alle Netzwerkpartner eingebaut. Jeder Partner kann in seinem Profil seine Kooperationspartner verlinken, um seine Netzwerkaktivität

---

[11] Ausführliche Erläuterungen dazu finden Sie im Buch *Tipping Point* von Malcolm Gladwell, Goldmann-Verlag, erschienen im Jahr 2000

transparenter zu machen. Sobald ein Kooperationspartner zum eigenen Profil verlinkt wird, bekommt dieser automatisch eine E-Mail zugesandt mit der Information der soeben durchgeführten Verlinkung und der Bitte um Stellungnahme, ob dies gewünscht sei. Der Initiator dieser Aktion erhält eine Kopie dieser automatisch generierten E-Mail. Am Anfang hatte ich zwei Partner zu meinem eigenen Profil verlinkt, bei denen mir klar war, dass sie eine hohe Motivation haben würden, diese Idee weiterzutragen. Beide Partner erhielten daraufhin die E-Mail-Nachricht, dass ich sie als Kooperationspartner verlinkt hatte.
Nun wartete ich gespannt, was passieren würde. Beide Partner untersuchten, wie sie diese Funktion für sich nutzen könnten, entdeckten die Möglichkeiten und wählten ihrerseits andere Kooperationspartner aus, um diese ihrem eigenen Profil zuzufügen. Ein soeben verlinkter Partner nutzte diese Funktion auch sofort, um wiederum seine Kooperationspartner zu verlinken. Eine Kette entstand.

Das Interessante dabei: die meisten verlinkten Personen bedankten sich zwar für eine Verlinkung als Kooperationspartner, wurden aber nicht neugierig zu erfahren, wie diese zustande kam oder wie sie diese sogar selbst nutzen könnten. Diese Gruppe, bei denen die Kette im ersten Anlauf stoppt, macht mit 95 % den größten Anteil aus. Nur sehr wenige Menschen reagieren sofort und beschäftigen sich damit. In meinem Test waren es vor allem die internetaffinen und guten Netzwerker, die die Kette sogleich weiterführten.
Wenn ein Partner von mehren unterschiedlichen Personen verlinkt wird und jedes Mal wieder eine E-Mail-Nachricht erhält, wächst das Interesse für das Geschehen. Jetzt waren es vor allem die erfahrenen Netzwerker, die sich mit der neuen Funktion auseinandersetzten und diese für sich zu nutzen begannen. Somit erfasste die zweite Akzeptanzwelle nun die etwas weniger internetaffinen, aber dafür guten Netzwerker.
Hätte ich die ersten beiden Partner nicht so sorgfältig ausgesucht, wäre die Kette, bevor sie eigentlich begann, wieder abgebrochen.

Wodurch zeichnen sich gute Multiplikatoren aus?
Die Betrachtung nach Kennern, Vermittlern und Verkäufern beschäftigt sich mit den unterschiedlichen Verhaltensweisen dieser Menschen. Ihr Verhalten ist auffällig anders als das Verhalten anderer Menschen und der Anteil dieser Personengruppe ist in der Gesellschaft verschwindend gering. Auch beim Netzwerken fällt immer wieder auf, dass ein paar Personen besonders viel Bewegung ins Netzwerkleben bringen. Wie kann nun eine so kleine Personengruppe viel erreichen? Die Antwort liegt in ihrem besonders engagierten Verhalten.

Menschen, die sich mit bestimmten Themen gut auskennen, nennt Gladwell die „Kenner“. Sie sind wie Datenbanken, angefüllt mit Informationen. Kenner wollen andere nicht überzeugen, sondern kennen sich einfach gut bei einem bestimmten Themengebiet aus. Sicher kennen Sie Menschen, die genau wissen, wo es welche Lebensmittel am günstigsten gibt. Sie studieren dafür die Sonderangebote und scheuen auch nicht die Mühe, die Preise haargenau zu vergleichen und auch zu reklamieren, wenn ein Preis nicht in Ordnung ist. Oder andere, die genau wissen, welches Stereogerät man wo am günstigsten mit dem besten Service bekommt. Wieder andere wissen, wo man in welcher Stadt gut übernachtet. Sobald Sie einen Kenner treffen, wird er Ihnen gerne von den neuesten und besten Schnäppchen erzählen. Der Kenner liebt es, seine Mitmenschen darüber zu informieren.
Beim Netzwerken sind die Kenner häufig diejenigen, die für jede Aufgabe und jedes Problem den passenden Kontakt parat haben. In meinem Beispiel hatte ich zwei Partner ausgewählt, die das von uns genutzte System mit seinen Funktionen gut kennen.

Eine weitere Gruppe sind die „Vermittler“. Sie sind der soziale Klebstoff unserer Gesellschaft, denn sie überbringen Botschaften in einer Art und Weise, dass die Empfänger diese Informationen auch wahr nehmen und sich damit beschäftigen. Das Charakteristische an

Vermittler-Typen ist ihre Persönlichkeit, ihr gutes Ansehen bzw. ihr Auftreten, das Aufmerksamkeit erzeugt. Mit einem Vermittler als Überbringer ist sichergestellt, dass Informationen dort ankommen, wo sie ankommen sollen.

Bei der Verlinkung wählte ich Netzwerker aus, die bei anderen Menschen eine hohe Wertschätzung genießen, damit ihre Aktion vom Empfänger (dem Verlinkten) auch wahrgenommen wird.

Die dritte Gruppe ist die Gruppe der „Verkäufer", also der Menschen, die es verstehen, andere Menschen so zu überzeugen, dass sie kaufen wollen. Dieser Typ Mensch kann im Prinzip alles verkaufen, ob Autos, Stereoanlagen oder Häuser: man kann sich seiner Aura und seinen gut platzierten Argumenten kaum entziehen. Sicher haben auch Sie schon einmal in Ihrem Leben einen solch mitreißenden „Verkäufer" getroffen, der dieser Kategorie angehört. Die Gruppe der Verkäufer spielte bei meinem Experiment allerdings keine Rolle.

Bei der Auswahl Ihrer Multiplikatoren könnte interessant sein, ob es sich bei Ihrem Multiplikator um eine Person handelt, die Sie als Kenner der Branche weiterempfiehlt, oder ob es sich um einen Vermittler handelt, oder einen Verkäufer, der so begeistert von Ihnen berichten kann, dass eine weitere Person schon beschlossen hat, bei Ihnen zu kaufen. Wenn Sie Multiplikatoren auswählen, die zu wenig Motivation haben, etwas für Sie zu tun, ist die dritte von mir beschriebene Regel „die Sie jederzeit gerne weiterempfehlen" nicht erfüllt. Achten Sie also bei der Auswahl von Multiplikatoren insbesondere darauf, dass Ihre Multiplikatoren genau das besonders gerne tun - nämlich Sie jederzeit weiterempfehlen.

Dass dies geschieht, dafür muss man etwas tun, und zwar nicht einmalig, sondern immer wieder. Telefonieren Sie in regelmäßigen Abständen mit Ihren Multiplikatoren oder treffen Sie sich, um sich gegenseitig auf dem Laufenden zu halten und sich gegenseitig zu unterstützen. Versorgen Sie Ihre Multiplikatoren mit ausreichend

Infomaterial zur Weitergabe und aktuellen Informationen beispielsweise über Ihre Seminare. Tauschen Sie Neuigkeiten aus und denken Sie sich gemeinsam Aktionen aus, die beiden Seiten weiterhelfen. Auch hier ist der Kreativität keine Grenze gesetzt.

Was ist der Unterschied zwischen einem Kontakt und einem Multiplikator?

Ein Kontakt drückt ein 1:1 Verhältnis aus. Der Vorteil von Multiplikatoren besteht darin, dass Multiplikatoren Kontakte multiplizieren.

Durch die Einbindung von Multiplikatoren reduziert sich Ihr Zeitaufwand. Je stärker Ihr Multiplikator von Ihrer Arbeit begeistert ist und je höher seine Motivation, Sie zu empfehlen, umso wertvoller ist er als Multiplikator für Sie. Der Motivationsgrad ist allerdings im Gegensatz zur Begeisterung, für die Sie einiges tun können, kaum von Ihnen beeinflussbar, da er im Wesen des jeweiligen Menschen liegt. Seien Sie deshalb sehr sorgfältig in der Auswahl Ihrer Multiplikatoren.

Auch dazu gerne ein Beispiel. Ich bot einen Workshop in Dresden an und informierte im Vorfeld einen Partner, der a) ein eigenes großes Netzwerk besitzt, b) meinen Workshop schon besucht hatte und c) davon begeistert war.
Der Multiplikator empfahl meinen Workshop wärmstens in seinem eigenen Newsletter, ohne dass ich davon wusste. Ehe ich mich versah, war mein Workshop mit vierzehn Personen überbucht. So macht Workshoparbeit Spaß.

Wie aber können Sie einen Multiplikator für sich gewinnen?
Das ist vielleicht einfacher als Sie denken. Wenn Ihre Veranstaltungen nicht ausgebucht sind, können Sie Menschen, die Sie gerne als

Multiplikatoren gewinnen möchten, kostenfrei einladen. Natürlich sehr gezielt und persönlich, damit die Eingeladenen Ihr Angebot auch wertschätzen. Das kostet Sie keinen Euro extra.
Eine weitere Möglichkeit besteht darin, dass Sie überlegen, welchen Nutzen Sie dem Partner anbieten können, den Sie gerne als Multiplikator gewinnen möchten. Vielleicht passt es gut, seine Flyer in Ihrem Geschäft auszulegen oder auf seine Veranstaltung hinzuweisen. Auch dies ist eine gute Ausgangsbasis.
Wenn Sie Win-Win-Situationen schaffen, ergibt sich daraus meist auch eine engere Beziehung, die bei guter Kontaktpflege dazu führen kann, dass Sie einen neuen Multiplikator haben.

Wenn man die Multiplikatoren-Kriterien „hat viele Kontakte“, „ist begeistert“, „empfiehlt mich“ im Auge behält, wird Netzwerken leicht und zeitsparend.

Wie viele Multiplikatoren haben Sie? Wen möchten Sie gerne als Multiplikator gewinnen? Es kommt weniger auf die Anzahl als auf die Qualität Ihrer Kontakte an. Ein einziger Multiplikator kann Ihnen beispielsweise die Tür zum Fernsehen öffnen und Sie erzielen damit ein Ergebnis, das Sie sich vorher nie erträumt hätten. Wenn Sie die Liste auf der folgenden Seite komplett füllen, dann gehören Sie bereits zu den absoluten Profi-Netzwerkern.

Generell gilt: Je intensiver Sie sich mit diesem Thema beschäftigen und Multiplikatoren gewinnen, umso effizienter werden Sie. Wäre es ein Wertpapiergeschäft, dann wären Ihre 1:1 Kontakte Aktienfonds und Ihre Multiplikatoren Derivate oder Hedge-Fonds, allerdings ohne Verlustrisiko. Derivate und Hedge-Fonds haben einen weitaus größeren Hebel als Aktienfonds und bei dieser Anlage können Sie Ihr Geld deshalb in kürzerer Zeit vermehren, aber auch vernichten.

Namensliste Multiplikatoren

Machen Sie sich nun eine Namensliste von Menschen, die Sie als Multiplikatoren haben und die exakt alle drei Punkte (auf Seite 114) erfüllen. Machen Sie anschließend einen Zeitplan, wann Sie mit Ihren Multiplikatoren Kontakt aufnehmen, wenn Sie nicht eh schon in gutem Kontakt sind. Wenn Ihnen noch Multiplikatoren fehlen, dann notieren Sie jetzt die Namen der Menschen, die Sie gerne als Multiplikator gewinnen möchten und überlegen Sie sich eine Strategie, wie Sie diese auf Ihre Arbeit aufmerksam machen könnten. Fragen Sie auch andere Menschen, wer Ihr Multiplikator sein könnte. Sie werden feststellen, dass sich dadurch Ihre Liste schneller als erwartet füllt.

	Namen	Datum
1		
2		
3		
4		
5		
6		
7		
8		
9		
10		
11		
12		
13		
14		
15		

Wenn Sie gerade erst zu netzwerken beginnen, erwarten Sie nicht zu viel von sich, sondern nehmen Sie sich lieber kleine Schritte vor. Ein guter Multiplikator kann für Sie wichtiger sein als hundert 1:1 Kontakte. Lassen Sie sich bei der Gewinnung von Mulitplikatoren Zeit und üben Sie, welche Brille jetzt die passende ist. Vereinbaren Sie sich zu treffen, damit im Gespräch Vertrauen zueinander entstehen kann und überlegen Sie gemeinsam, welche Win-Win-Situation Sie kreieren können.

Wenn Sie es schaffen, ein nutzenreiches Win-Win mit einem Multiplikator herzustellen, ist das die Königsdisziplin beim Netzwerken.

Multiplikatoren-Übung

Was ist meine wichtigste Erkenntnis zu diesem Thema?

____

____

____

Worauf ich in Zukunft achten werde:

____

____

____

Das Wichtigste kurz zusammengefasst

Nun haben wir das Netzwerken mit neuem Bewusstsein definiert und wissen, was Energie bringt und was Energie abschöpft.
Wir haben uns die Netzwerkwelt durch die Kundenbrille angeschaut, dann durch die Kontaktebrille und anschließend durch die Impulsbrille und jeweils eine neue Sichtweise kennen gelernt.

Wettbewerbsdenken gehört spätestens ab jetzt der Vergangenheit an, denn wir wollen uns auf die Fülle konzentrieren, nicht auf den Mangel. Wir haben Ideen erhalten, wie man Win-Win-Situationen kreiert. Wir haben erfahren, wie man durch geschickte Pflege von Kontakten (besonders von Multiplikatoren) Leichtigkeit und Zeiteffizienz ins Netzwerken bringt. Außerdem kennen wir nun unseren Netzwerktyp und sehen klarer, welcher Netzwerktyp uns in welcher Situation weiterhelfen kann.

Im nächsten Schritt geht es darum, das Spielfeld „Netzwerken" ganz gezielt zu nutzen, um sich der eigenen Stärken – beim Netzwerken unserer Netzwerkwerte - bewusst zu werden und diese noch zu verbessern.

Unsere Werte drücken sich in unseren Gedanken, Worten und Taten aus, aber sie spiegeln sich auch in den Menschen, denen wir begegnen, wider und in den Situationen, die wir erleben.

Alle Menschen und alle Situationen sind ein Spiegel von uns und unserer Energie und deshalb können wir von allem und allen lernen.

Da unser Netzwerkerfolg auch in entscheidendem Maße von unserem Charakter abhängt, habe ich diesem Thema ein eigenes Kapitel gewidmet.
Aber zuvor eine Frage: Was war für Sie bisher das Wichtigste?

Bilanz 1: Wichtigste Erkenntnisse

Was ist meine Erkenntnis zu den Kapiteln 1-7?

Worin wurde ich bestätigt?

Was möchte ich verändern?

Welche Themen möchte ich vertiefen?

Worauf ich in Zukunft achten werde:

8. Netzwerkwerte

Immer mehr Menschen spüren ihre Intuition.
Das Bewusstsein wächst.
Sie können immer besser unterscheiden zwischen kurzfristiger Begeisterung und langanhaltendem Einsatz.
Viele Menschen spüren die Verbundenheit mit allem, was ist und wahren infolgedessen immer einen Energieausgleich zwischen Geben und Nehmen.
Andere Menschen fühlen sich eher bedürftig, als Opfer.

Beim Netzwerken geht es darum, Menschen zu finden, bei denen man sich eine vertrauensvolle gegenseitige Unterstützung vorstellen kann. Wir suchen Menschen, die uns inspirieren, die uns konkret weiterhelfen können und Menschen, die wir gerne weiterempfehlen, um die eigene Kompetenz gegenüber Kunden zu erhöhen. Bei einer gewünschten Zusammenarbeit gilt es, offen und ehrlich abzuklopfen, wie die beiderseitigen Vorstellungen davon sind. Ist diese erste Hürde positiv genommen und ist man sich einig, dann zeigt sich im weiteren Verlauf, ob es Freude bereitet zu kooperieren. Das hängt von vielen Faktoren ab.

Wenn es in einer Kooperation zu knirschen beginnt, haben wir zwei Möglichkeiten: wir suchen gemeinsam eine konstruktive und gute Lösung oder wir beenden die Kooperation. Ich habe die Erfahrung gemacht, dass sich gerade in schwierigen Situationen ein enormes Wachstumspotenzial verbirgt. Eine nicht glücklich verlaufende gemeinsame Aktion zu beenden kann auch bedeuten, nicht herausfinden zu wollen, warum etwas nicht geklappt hat. Wir verzichten damit vielleicht auf eine wichtige Erkenntnis.

Da sich immer mehr Menschen mit ihrer Intuition verbunden fühlen, ist es wichtig, das eigene Energiefeld stetig zu erhöhen. Denn wenn ich in meinem Energiefeld „dunkle Flecken" habe, ziehe ich Menschen bzw. Situationen an, mit denen ich diese Flecken transformieren kann. Wenn ich beispielsweise einmal unehrlich war, kann ich in eine Situation geraten, wo ich eine ungerechtfertigte Rechnung zu bezahlen habe. Es wäre schön, wenn Ursache und Wirkung immer so leicht zu durchschauen wären – meist ist das aber nicht der Fall.

Wenn mir beim Netzwerken unangenehme Dinge begegnen, ist das ein Hinweis darauf, dass ich noch nicht alles gelernt habe, was es zu lernen gibt. Da gilt es, die eigenen Schwachstellen zu erkennen und in sich zu integrieren. Wenn mein Energiefeld heller wird, ziehe ich aufgrund der kosmischen Gesetze Menschen mit einem entsprechenden Energiefeld in mein Leben. Wir begreifen in dieser Zeit immer besser, dass alles Energie ist und wie die Gesetze der Anziehung funktionieren. Und deshalb lade ich Sie ein, Netzwerken als ein Schwingungsfeld zu sehen, indem Sie sich entwickeln können und dabei immer erfolgreicher werden.

In unangenehmen Situationen kann ich dazu lernen. Alles, was gut läuft, habe ich schon gelernt. Und wenn ich dann noch dankbar sein kann für meine Lernprozesse, gewinne ich doppelt!

Von einem Referenten, der in einer Regionalgruppe referiert hatte und aufgrund dieser Aktion nach zwei Monaten noch keinen Kunden gewinnen konnte, bekam ich ein böses E-Mail mit der Anschuldigung, dass die Gruppe absolut untauglich und schlecht geführt sei, da niemand sein einzigartiges Angebot erkannt habe. Was ist passiert? Schauen wir uns zunächst seine Erwartungshaltung an. Für das Referat hatte er seine Kundenbrille aufgesetzt und war verärgert, dass er damit keinen Erfolg hatte. Hätte er stattdessen eine Kontakte- oder Impulsbrille aufgesetzt, dann hätte er seinen Vortrag darauf

abgezielt, andere Netzwerker für seine Idee zu begeistern, um Empfehlungen und Unterstützung für sein Konzept zu erhalten.
Der zweite Fehler: Er wartete auf einen schnellen Erfolg. Empfehlungen haben jedoch genauso wie Akquisitionsbemühungen ihren Zeitfaktor.

Erfolgreiche Netzwerker haben den Fokus stets auf Win-Win-Lösungen und sind darin häufig Vorbild für andere Netzwerker. Sie bringen Energie ein und vertrauen, dass alles seinen Ausgleich findet.

Es gibt auch heutzutage noch Menschen, die auftauchen, vom Netzwerk sofort begeistert sind, unglaublichen Tatendrang entwickeln und wieder sehr schnell von der Bildfläche verschwinden, wenn sich die Wünsche nicht sofort realisieren.

Im Folgenden geht es darum, die eigenen Stärken zum Strahlen zu bringen. Wenn Sie sich darauf einlassen, könnten Sie auch einen blinden Fleck bei sich entdecken, der Ihnen so noch gar nicht bewusst war, z. B. dass andere Menschen Sie als besonders zuverlässig empfinden, Sie das aber so noch gar nicht wahrgenommen haben, da es für Sie selbstverständlich erscheint.
Oder aber, dass man Ihr ehrliches Verhalten besonders wertschätzt, da Sie es verstehen, auch in heiklen Situationen wie der Bewertung einer Geschäftsidee oder eines Firmenauftritts ehrlich zu bleiben, ohne dabei verletzend zu werden.
Für jeden Netzwerkwert habe ich eine Übung ausgearbeitet. Reflektieren Sie Ihre Ergebnisse mit Menschen, die Sie wertschätzen. Dazu finden Sie einen Charakterstärken-Check am Ende des Kapitels. Lassen Sie sich genügend Zeit, um zu erkennen, wie Sie „gestrickt" sind. Wichtig ist auch hier: Ihre Erkenntnisse konsequent umsetzen.

Im „blinden Fleck“ Stärken entdecken

Kennen Sie die Geschichte vom berühmten „blinden Fleck“? Erst in der Mitte des 17. Jahrhunderts wurde er entdeckt. Wenn er auch verborgen ist, in unserem Alltag ist er dennoch existent – und wir sehen meist den blinden Fleck der anderen und die anderen sehen unseren.

In den USA hat Daniel Simons von der University of Illlinois in Urbana-Champaign und sein Team das sogenannte „Gorilla-Experiment“ konzipiert. Das Forschungsthema: Welche Informationen entgehen dem Menschen?

Dazu wurde ein 23 Sekunden langer Film Tausenden von Probanden gezeigt. Zu sehen waren je drei Spieler in schwarzen und weißen Trikots, die sich einen Basketball zuwarfen. Die Probanden sollten aufpassen und die Pässe von dem weißen Team zählen. Dabei trottete 5 Sekunden lang eine Gorilla bzw. ein Mensch im Affengewand durch das Bild, wendete sich dem Betrachter zu, trommelte mit seinen Händen auf die Brust und ging weiter, wieder aus dem Bild.

Alle zählten brav die Pässe und nannten das Ergebnis. Doch das war nicht wichtig. Wesentlich war die Frage, ob ihnen etwas Ungewöhnliches aufgefallen sei. „Nein“, sagten 80 % der Beobachter. Ein zweites Mal wurde nun der Film vorgeführt und diesmal fiel allen sofort der Gorilla auf. Die Analysen zeigten, dass die Beobachter die Figur eine Sekunde lang angeblickt hatten und dennoch nicht wahrgenommen haben. Das nennt man den blinden Fleck. Deshalb möchte ich Sie in diesem Kapitel dazu ermutigen, sich Ihrer Stärken ganz bewusst zu werden und diese beim Netzwerken optimal zu nutzen.

Wir ziehen immer die Erlebnisse und Menschen an, die zu unserer Schwingungsfrequenz passen. Eine höhere Schwingungfrequenz bedeutet: mehr angenehme Situationen.

8.1. Vertrauen und Geduld

Ein geduldiger Vertrauensaufbau ist die Basis für erfolgreiches Netzwerken. Besonders Netzwerkneulinge tun sich damit häufig schwer. Die Erwartungshaltung, eine schnelle Unterstützung zu erfahren und neue Kunden zu gewinnen, ist häufig überzogen. Win-Win-Situationen und die Gewinnung von Multiplikatoren setzen ein gewisses Vertrauen voraus. Und Vertrauen wächst langsam.

Um Menschen für unsere Ideen und unsere Arbeit zu gewinnen, ist es notwendig, stetig und konsequent Vertrauen aufzubauen.

Voraussetzung für den Aufbau von Vertrauen

Vertrauen fängt bei uns selbst an, nicht im Außen. Vertrauen Sie darauf, dass Sie einzigartig sind. Damit haben Sie den ersten wichtigen Schritt getan.

Einzigartigkeit drückt man unbewusst und bewusst aus in:

- ✓ **seiner Ausstrahlung**
- ✓ **seinem Auftritt**
- ✓ **seiner Stimme/Betonung**
- ✓ **einer gelungenen Kurzvorstellung bzw. einem Vortrag**
- ✓ **allen Kommunikationsmitteln wie Broschüren, Visitenkarten, Webauftritt.**

Nur in der persönlichen Begegnung kann Vertrauen zu anderen Menschen wachsen. Gehen Sie deshalb regelmäßig zu Netzwerk-Treffen und seien Sie auch präsent. Völlig abgehetzt beim Treffen zu erscheinen, ist keine gute Ausgangsbasis hierfür. Gönnen Sie sich, frühzeitig und entspannt zu einem Netzwerk-Treffen zu erscheinen.

Bei Berufsnetzwerken sind Kompetenz und Professionalität gefragt, wenn es um eine Zusammenarbeit geht, denn jeder möchte lieber mit Menschen zusammenarbeiten, die er wertschätzt. Dazu gehören auch Werte wie Verlässlichkeit und Pünktlichkeit. Zeigen Sie beim Netzwerken Ihre Professionalität und Ihre Besonderheit, damit andere auf Sie aufmerksam werden.

Bitte denken Sie daran, ausreichend Infomaterial wie Visitenkarten und Flyer zu einem Netzwerk-Treffen mitzunehmen. Damit Sie nichts Wichtiges vergessen, machen Sie sich eine Netzwerkbox (siehe Netzwerktipp 3)

Wie bauen Sie systematisch Vertrauen auf?

- Sie interessieren sich ehrlich für andere Menschen und ihre Arbeit.
- Sie hören Ihrem Gesprächspartner aufmerksam zu.
- Sie stellen viele Fragen, auch wenn Sie etwas nicht verstehen.
- Sie pflegen einen freundlichen, wertschätzenden Umgang mit Ihren Mitmenschen (auch mit dem Servicepersonal des Lokals)
- Sie geben Einblick in Ihre Arbeit (Tipp: Laden Sie zu einem Seminar ein. Das kostet Sie nichts, wenn noch ein Platz frei ist.)
- Sie sind ehrlich, schneiden nicht auf, stellen aber auch das eigene Licht nicht unter den „Scheffel“
- Sie schlagen kleine Häppchen zur Zusammenarbeit vor und bei Übereinstimmung bleiben Sie konsequent dran.
- Sie lassen den Kontakt nicht abbrechen.
- Sie vermitteln sich gegenseitig Kontakte.
- Sie geben gewünschte Impulse.
- Sie sprechen Empfehlungen aus, wenn es sich stimmig anfühlt.

Verlieren Sie Ihre Kontakte nicht aus den Augen. Telefonieren Sie in mehr oder weniger großen Abständen, treffen Sie sich oder senden Sie eine persönliche E-Mail, um in Verbindung zu bleiben. Ihre Botschaft für Menschen, deren Vertrauen Sie gewinnen wollen, sollte lauten: „Ich denke für dich mit. Ich meine es gut mit dir." Das könnte z. B. so aussehen, dass Sie einem Kakteenliebhaber einen interessanten Artikel über Kakteen kopieren und zusenden, wenn Sie diesen in einer Zeitschrift entdecken.

Lassen Sie sich Zeit und säen Sie geduldig an vielen Stellen einen Vertrauenssamen. Meiner Erfahrung nach ergeben sich nach einem Erstkontakt manchmal erst nach einem Jahr wirklich interessante Ansätze zur Zusammenarbeit.

Nun gibt es von Natur aus eher geduldige und eher ungeduldige Menschen. Sollten Sie zu letztgenannten gehören, dann empfehle ich, ein Netzwerk mit häufigen Treffen zu suchen (z. B. wöchentliches Frühstück), um schneller zum gewünschten Erfolg zu gelangen. Oder engagieren Sie sich in mehreren Netzwerken.

Übung
Geduld und Vertrauen

Auf was ich in Zukunft besonders achten werde:
1.____
2.____
3.____

8.2. Zuverlässigkeit und Loyalität

Besonders für Menschen, die gerne von einer Idee zur nächsten springen, ist es besonders empfehlenswert, wichtige Versprechen wie das Zusenden von Infomaterial oder das Herstellen eines Kontaktes sofort zu erledigen, damit dies nicht in Vergessenheit gerät. Sonst könnte es sein, dass sich wichtigere und dringendere Aufgaben „dazwischenschieben“ (z. B. ein Kundenauftrag oder die Buchführung, die am nächsten Tag abgegeben werden muss). So gewährleisten Sie, die Netzwerkaufgaben nicht zu vergessen.

Erledigen Sie alles, was Sie versprochen haben, zuverlässig und zeitnah: möglichst innerhalb 48 Stunden. Dies verschafft Ihnen ein gutes Image.

Loyalität (französisch: Treue) bezeichnet das Festhalten an getroffenen Vereinbarungen, das Einhalten von Gesetzesvorschriften oder die Treue gegenüber einer Autorität. Synonyme für Loyalität sind: Anstand, Fairness, Gesetzestreue, Rechtschaffenheit, Redlichkeit, Regierungstreue, Staatstreue, Treue, Zuverlässigkeit.

Stehen Sie zu Ihren getroffenen Aussagen. Wenn Sie beispielsweise einen Standdienst auf einer Messe zugesagt haben, dann halten Sie Ihr Versprechen, auch wenn ein wichtiger Auftrag dazwischen kommt. Oder suchen Sie eine Person, die für Sie einspringt. In jedem Fall bleiben Sie in der Verantwortung und stehen Sie zu Ihrem Wort.

Da beim Netzwerken viele Projekte und Aktionen ohne schriftliche Verträge zustande kommen, ist ein loyales Verhalten für Kooperationen unverzichtbar. Aus diesem Grund haben mündliche Zusagen beim Netzwerken ein gleich hohes Gewicht wie schriftliche und sollten deshalb unbedingt eingehalten werden.

Übung
Zuverlässigkeit und Loyalität

Auf was ich in Zukunft besonders achten werde:
1.____
2.____
3.____

8.3. Pünktlichkeit

Ein übereinstimmender Umgang mit der Zeit ist immer dann besonders wichtig, wenn mehrere Menschen zusammenkommen. Wenn ich möchte, dass meine Zeit wertgeschätzt wird, dann sollte ich die Zeit meiner Mitmenschen ebenso wertschätzen.

Zur Pünktlichkeit gehört beim Netzwerken:

- **pünktlich erscheinen**
- **sich pünktlich zu einem Treffen an- und abzumelden**
- **Zeitfenster wie vorgegebene Redezeiten bei Vorstellungsrunden und Vorträgen einhalten**
- **In der versprochenen Zeit Dinge zu erledigen**
- **Auch das: Rechnungen pünktlich bezahlen und Verträge rechtzeitig kündigen.**

Bei jedem Netzwerk gelten andere Regeln. Diese Regeln werden klar kommuniziert, meist am Anfang eines Treffens, deshalb sollten Sie den Anfang auf keinen Fall verpassen.
Ich finde es immer störend, wenn Menschen in ein laufendes Programm hereinplatzen. Sowohl die anwesenden Teilnehmer als auch der Redner fühlen sich dadurch gestört.

Üblicherweise gibt es beim Netzwerken Vorstellungsrunden. Hier gilt es, bei der eigenen Vorstellung nicht den Rahmen zu sprengen und die Redezeiten einzuhalten. Oft sind 30- oder 60-Sekunden-Vorstellungen üblich. Üben Sie zu Hause Ihre Kurzvorstellung (am besten vor dem Spiegel) und stoppen Sie dabei die Zeit. Um die vorgegebene Zeit einzuhalten, bedarf es einiger Übung und Konzentration auf das Wesentliche. Es ist schade, wenn Menschen von ihrer Vergangenheit, ihrem Weg und ihren Ausbildungen berichten und damit die Zeit verrinnt. Nach 60 Sekunden weiß man dann zwar, wie viele Ausbildungen der Redner absolviert hat, aber nicht, was gerade seine Kernkompetenz ausmacht und wem man ihn empfehlen könnte. Nicht auf den Punkt zu kommen wirkt sich ungünstig auf die Professionalität aus - und damit auch auf Empfehlungen.

Für professionelles Auftreten: Sagen Sie das Wichtigste zu sich und Ihrer Arbeit in 30 Sekunden!

Netzwerktipp 6: Redezeit
Bei Vorträgen können Sie mit einem perfekten Timing besondere Pluspunkte sammeln. Um die vorgegebene Redezeit einzuhalten, stellen Sie eine Uhr vor sich auf und/oder lassen Sie sich vom Moderator ein Zeichen in Form von bereits von Ihnen vorbereiteten Karten geben: „noch 10 Minuten“, „noch 5 Minuten“, „eine Minute“, „Ende“.

Vielleicht möchten Sie gerne, dass Ihre Kunden Ihre Rechnungen pünktlich bezahlen? Dann starten Sie mit gutem Vorbild und bezahlen Rechnungen ebenfalls fristgemäß. Mit pünktlichem Zahlungsverhalten wertschätzen Sie Ihre Lieferanten.

Mit Ihrer Pünktlichkeit zeigen Sie, dass Sie ein gut organisierter Mensch sind und das wiederum wirkt sich positiv auf Ihr Image aus.

Übung
Pünktlichkeit

Auf was ich in Zukunft besonders achten werde:
1.____
2.____
3.____

8.4. Höflichkeit

Für den ersten Eindruck gibt es keine zweite Chance. Deshalb sollten Sie beim Netzwerken dem ersten Eindruck eine hohe Bedeutung beimessen, denn hier wird bereits abgewägt, mit welchen Menschen man gerne ins Gespräch kommen möchte. Beim Netzwerken gibt es viele Erstkontakte. Grund genug, sich mit diesem Thema etwas intensiver auseinanderzusetzen.

Grundsätzlich gilt, dass es im Business keine geschlechtlichen Unterschiede gibt, das heißt, Frauen stehen zur Begrüßung genau so auf wie Männer (schließlich wollen wir uns ja auf einer Ebene in die Augen schauen). Ranghöhere (Vorgesetzte, Kunden, Einladende zu Veranstaltungen, Referenten, Ältere) haben unabhängig vom Geschlecht eine besondere Rolle. Darauf wird in elitären Netzwerken auch heutzutage noch großen Wert gelegt.

Schnupperregeln beachten

Als Netzwerker ist es selbstverständlich, die Schnupperregeln (z. B. zwei Mal unverbindliche Teilnahme, Auslage von Flyern) zu akzeptieren. Falls Ihnen die Regeln nicht klar sind, fragen Sie bitte den Einlader danach.

„Einchecken"

Hier gilt: Ranghöhere geben die Hand (in diesem Fall der Einlader). Sie gehen zum Einlader und nennen bitte Ihren vollständigen Namen. Warten Sie ab, ob Ihnen der Einlader die Hand reicht oder nicht und akzeptieren Sie das. Bei der Verabschiedung gilt das Gleiche.

Bleiben Sie so lange beim Check-in und hasten nicht davon, bis alle Formalitäten erledigt sind (Anwesenheitsliste, Namenskärtchen etc.)

Bekannte Person begrüßen

Angenommen, in einer Gruppe von Personen steht eine Person, die Sie kennen. Sie möchten diese Person gerne begrüßen.
Hier gilt: Nachdem Sie der Person die Hand gegeben haben, geben Sie bitte auch jeder anderen Person in dieser Gruppe der Reihe nach die Hand. Sagen Sie dabei Ihren Namen und nehmen Sie Augenkontakt auf.

Bekannt machen von Personen

Hier gilt: Der Ranghöhere hört zuerst den Namen des Rangniederen.
Wenn Sie beispielsweise einen Gast, den Sie mitbringen, mit dem Einlader bekannt machen möchten, dann sagen Sie zu dem Einlader gewandt: „Gerne möchte ich Sie mit Frau Müller bekannt machen. Frau Müller, das ist Herr Schmitt, der Regionalgruppenleiter für Rhein-Main." Ich verwende beim Netzwerken gerne den Begriff „bekannt machen", da vorstellen hierarchisch anmutet und weniger gut zum Netzwerken passt, wo wir uns ja auf einer Ebene begegnen. Entscheiden Sie selbst, welche Wortwahl Ihnen lieber ist.

Dazustellen zu Gruppen beim „Get together"

Hier gilt: Höflich anfragen, ob Ihre Anwesenheit passt. Dies gilt insbesondere, wenn Sie sich zu einer Gruppe von nur zwei Personen dazu stellen. Empfehlenswerter und leichter ist es, sich einer Dreiergruppe anzuschließen, da Sie schneller ins Gespräch kommen.
Hören Sie zunächst aufmerksam zu und suchen Sie einen Türöffner, um sich ins Gespräch zu bringen. Sehr gut funktioniert es mit einer Frage zu einer Person zugewandt. Wenn alle Namenskarten tragen mit der Firma als Untertitel, dann könnten Sie beispielsweise fragen: "Personalberatung „emotion" hört sich spannend an. Was verbirgt sich denn dahinter?" Und schon sind Sie im Gespräch.
Gibt es keine Namenskärtchen, dann fragen Sie einfach direkt: „Mit was beschäftigen Sie sich beruflich, wenn ich fragen darf?"

Dress-Code für Referenten

Sie können nicht overdressed sein und als Referent sollten Sie sich auf jeden Fall gut anziehen. Für Abendveranstaltungen ist es empfehlenswert dunklere Farben als tagsüber zu tragen.

Hier gilt: Wenn Sie als Mann aufstehen, dann knöpfen Sie bitte Ihr Jackett immer zu. Vorträge mit offenem Jackett zu halten, ist tabu.

Auslegen von Flyern

Fragen Sie beim Einchecken, ob es einen Infotisch für Flyer gibt, und ob Sie dort auch als Gast etwas auslegen dürfen. In jedem Netzwerk gibt es andere Gepflogenheiten, die Sie unbedingt akzeptieren sollten. Bitte denken Sie am Ende der Veranstaltung daran, Ihre restlichen Flyer wieder mitzunehmen.

Visitenkartentausch

Bei einem interessanten Kontakt fragen Sie gerne nach der Visitenkarte Ihres Gesprächspartners. Nutzen Sie die Gelegenheit, um im Gegenzug auch Ihre Visitenkarte zu übergeben. Um sicher zu gehen, dass dies nicht in Vergessenheit gerät, warten Sie besser nicht ab, bis Sie danach gefragt werden.

Wenn Sie sich auf der Visitenkarte (möglichst Rückseite) eine Notiz machen möchten, fragen Sie bitte, ob Ihr Gegenüber damit einverstanden ist. Das ist höflicher, als einfach die Karte voll zu kritzeln. Stecken Sie die Visitenkarte nicht achtlos weg, sondern schauen Sie sie an. Damit zeigen Sie Ihre Wertschätzung.

Verlassen von Veranstaltungen

Falls Sie eine Veranstaltung ausnahmsweise früher verlassen müssen, kündigen Sie dies bitte schon beim Einchecken und in der Vorstellungsrunde an. Unabhängig davon setzen Sie bitte auch den Referenten in Kenntnis.

Bei einem Erstbesuch ist es eine schöne Geste, sich vom Gastgeber persönlich zu verabschieden und sich dabei für die Teilnahme an der Veranstaltung zu bedanken.

Handynutzung

Handys sind bei Veranstaltungen grundsätzlich auszuschalten bzw. auf lautlos zu stellen. Wenn Sie telefonieren müssen, dann verlassen Sie bitte den Saal, um andere nicht zu stören[12].

Übung
Bilanz Höflichkeit

Auf was ich in Zukunft besonders achten werde:
1.______________________________________
2.______________________________________
3.______________________________________

[12] Weitere Business-Knigge-Regeln finden Sie unter www.korrekt.de

8.5. Ehrlichkeit

Ehrlichkeit ist eine schwierige Gratwanderung.
Einerseits ist es wichtig, sich um einen ehrlichen Umgang miteinander zu bemühen, aber andererseits sollte man darauf verzichten, aus lauter Ehrlichkeit verletzend zu werden.

Die beste Erfahrung habe ich damit gemacht, Ehrlichkeit in jede Menge Wertschätzung zu betten. So gab es z. B. einen Kooperationspartner, der das Gefühl hatte, dass sein Beitrag in der Vergangenheit weitaus größer gewesen sei als meiner, und dass sich unser Engagement nicht die Waage gehalten habe. Dies brachte er in einer langen E-Mail zum Ausdruck. Zwischen den Zeilen las ich, dass er sich durch zwei Begebenheiten persönlich verletzt fühlte.
Zunächst einmal studierte ich die E-Mail sehr aufmerksam, um seine Sicht zu verstehen. Dann griff ich zum Telefonhörer, da sich für Missverständnisse telefonisch einfachere und bessere Lösungen ergeben als schriftlich, schon allein durch den Dialog, den man hat. Ich sagte ihm, dass ich seine Gefühle respektiere und dass es in meiner Absicht liege, gemeinsam eine gute Lösung zu finden. Ich schlug vor, in einem halben Jahr ein Fazit aus der bisherigen Zusammenarbeit zu ziehen und dann gemeinsam zu entscheiden, ob eine Kooperation für das nächste Jahr Sinn mache oder nicht. Denn wenn ich tatsächlich nicht genügend für ihn bzw. für sein Verständnis von Balance tun könne, dann sei es für uns beide besser, eine bestehende Kooperation aufzulösen.

Wichtig ist: Sie müssen sich in der Zusammenarbeit mit einem Kooperationspartner wohl fühlen. Wenn dies nicht der Fall ist, dann läuft etwas schief. Meist werden in einem solchen Fall ein Punkt oder mehrere der folgenden Punkte nicht berücksichtigt.

Basis für eine erfolgreiche Kooperation ist:

- **ehrlich über Ziele und Erwartungen sprechen**
- **ehrlich sein in Bezug auf Zeiteinsatz und Ressourcen**
- **nur Punkte vereinbaren, die Sie beide mit Freude zu geben bereit sind**
- **auf Ausgewogenheit achten**
- **Termine für die zu erledigenden Punkte festlegen**
- **eine Kooperation terminieren (z. B. bis Ende des Jahres, dann neu besprechen)**
- **am Anfang ein Pilotprojekt definieren**
- **ein Gesprächsprotokoll machen und versenden.**

Bei der Ehrlichkeit gilt wie beim Vertrauen: Ehrlichkeit beginnt nicht im Außen, sondern innen: ehrlich zu sich selbst zu sein, ist eine echte Herausforderung und keinesfalls immer leicht. Wie ehrlich waren Sie beispielsweise bei der Übung „Energiebilanz"auf Seite 34 zu sich selbst?

Wenn wir uns bemühen, zu uns selbst ehrlich zu sein, können wir im nächsten Schritt auch ehrlich zu unseren Mitmenschen sein.

Übung
Bilanz Ehrlichkeit

Auf was ich in Zukunft besonders achten werde:

1.____
2.____
3.____

8.6. Durchhaltevermögen und Disziplin

Mit den Eigenschaften Durchhaltevermögen und Disziplin tun sich manche Menschen etwas schwer. Auf dem Markt gibt es viele verlockende Angebote. Häufig wird uns versprochen, das Ziel schneller und leichter zu erreichen als mit Durchhaltevermögen und Disziplin.
Seien Sie gewarnt, wenn man Sie glauben machen möchte, Sie bekämen alles geschenkt. Für diese Geschenke zahlen Sie einen Preis - meist einen höheren, als Sie glauben.

Wenn Sie einen Kurs eingeschlagen haben, den Sie für richtig halten, empfehle ich, diesen konsequent einzuhalten. Lassen Sie sich nicht von anderen Menschen verunsichern.
Natürlich meine ich damit nicht, dass Sie ein Konzept, das absolut nicht umsetzbar ist, bis zum bitteren Ende durchziehen. Aber bleiben Sie dran, auch wenn die erste Veranstaltung noch nicht gleich Ihren Erwartungen entspricht. Alles braucht seine Zeit. Deshalb ist es besonders wichtig, den Zeitfaktor in Ihrem Budget einzukalkulieren. Wenn Ihnen das Geld ausgeht, dann nützen auch die besten Konzepte, die erst in einem Jahr zum Tragen kommen, nichts.
Viele Menschen schreiben heutzutage Bücher, aber ich rate davon ab, dies als ernstzunehmende Einkommensquelle zu betrachten, auf die sich verlassen sollten. Betrachten Sie das Schreiben eines Buches zunächst lieber als übergeordnete Aufgabe anstatt als primäre Geldquelle - wenn sich Erfolg einstellt, können Sie dies als Marketinginstrument nutzen und auch einplanen. Setzen Sie keinesfalls alle Hoffnungen und Rettung Ihrer derzeitigen Situation auf ein Buch. Und wenn Sie schreiben, dann bleiben Sie dran!

Meine Leben hat mich gelehrt, dass Durchhalten für meinen Erfolg ein wichtiger Motor ist. Und dass ich schneller zum Ziel komme, wenn ich dranbleibe, auch wenn viele Fehler passieren, als wenn ich abbreche, um dann wieder mit einer anderen Idee neu anzufangen.

Als ich 2002 das Netzwerk Ganzheitlichkeit gründete, hatte ich keinerlei Kontakte zu Therapeuten und Medizinern, sprich, zu meiner Zielgruppe. Ich kam aus der Marktforschungsbranche, hatte zuvor als Angestellte angearbeitet und dann neun Jahre ein eigenes Marktforschungsinstitut betrieben. Da ich schon immer mehrere Standbeine liebte, sammelte ich außerdem noch Erfahrung in einem international agierenden Marktforschungsinstitut. Der Inhaber des Institutes hatte bereits vor zwanzig Jahren ein phantastisches Konzept zum Aufbau eines weltweiten Netzes für Marktforschungsstudien. Leider fehlte ihm das Durchhaltevermögen, sein Konzept konsequent umzusetzen, und so kamen andere Marktforschungsinstitute, die damit erfolgreich wurden. Kurzum: Meine geknüpften Kontakte zu Markenartiklern halfen mir 2002 herzlich wenig.

Aber das Konzept der Ganzheitlichkeit war für mich von Beginn an erfolgversprechend, und ich war so begeistert von der Idee, dass ich mein Konzept anfangs auch ohne hilfreiche Kontakte realisierte. Natürlich begab ich mich aber auch schon zu diesem Zeitpunkt auf die Suche nach Kennern in der Branche. Diese kamen später, so z. B. eine Regionalgruppen-Managerin, die seinerzeit im Vorstand eines anderen Netzwerkes agierte, viele Kontakte in der Branche hatte und die Bürokratie der Vorstandsarbeit leid war. Sie entschied sich, ins Netzwerk Ganzheitlichkeit einzusteigen. Mit ihr gewann ich eine wertvolle Unterstützung, die das Netzwerk schneller voranbrachte. Es kamen andere Multiplikatoren hinzu, welche die Idee verbreiteten.

Die ersten Jahre waren nicht einfach. Ohne Durchhaltevermögen, Disziplin, tägliche Akquisition, aber auch „mir selbst treu bleiben“, „an meinen Erfolg glauben“, hätte mich sicher irgendwann der Mut verlassen.
Ich kann mich sehr gut an die Gründung der ersten Regionalgruppen erinnern. Wir starteten in Darmstadt und dann in Frankfurt. Die beiden Gründungstreffen waren sehr schön und die Teilnehmer

zeigten sich von der Netzwerkidee sehr angetan, aber die Anmeldungen tröpfelten nur langsam herein und ich musste um jeden neuen Partner kämpfen. Es war auch schwierig, Menschen zu finden, die gerne die Regionalgruppenleitung übernahmen. Und ich hatte auch nur eine leise Ahnung davon, auf welche Kriterien ich bei der Auswahl der Leiter(innen) besonders achten sollte.

Das dritte Gründungstreffen fand dann zwei Monate später in Gießen statt. Es war mit sechsunddreißig Teilnehmern von der Personenzahl das größte Gründungstreffen und auch von der Atmosphäre her vielversprechend. Nach diesem Abend fuhr ich zum ersten Mal euphorisch nach Hause und war sicher, dass sich mindestens zehn Personen spontan für unser Netzwerk entscheiden würden. Und dann wartete ich: insgesamt waren es trotz telefonischer Nachfassaktion nur drei Personen, die sich als Partner anmeldeten. Das war ein niederschmetterndes Ergebnis. Hinzu kam, dass sich nach den Gründungstreffen der ersten beiden Gruppen auch diese noch längst nicht als stabil erwiesen. Wir brauchten lange Zeit, bis die Teilnehmerzahlen nicht mehr so schwankend waren und ich investierte viel Energie, um die Regionalgruppen zu stabilisieren und nach Regionalgruppen-Managern zu suchen.

Auch die ganze Pressearbeit war alles andere als erfolgversprechend. Und das Portal musste noch weiter ausgebaut werden, Flyer waren zu kreieren und die Arbeitsprozesse wollten definiert werden, um den Überblick nicht zu verlieren. Das waren jede Menge Aufgaben auf einmal, die mir für viele Monate Stunden meines Schlafes raubten: aus zeitlichen und finanziellen Gründen.
So gab es viele Hürden zu überwinden, Konzepte zu verfeinern und dann einfach wieder auszuprobieren, bis ich das Richtige gefunden hatte. Und auch das Richtige war nur eine zeitlang das Richtige, denn alles ist im Wandel und muss immer wieder neu ausjustiert werden.

Was ist der Motor für Durchhaltevermögen und Disziplin? Vielleicht ist es für jeden etwas anders gelagert, je nach Werten, für mich persönlich sieht es so aus:

- ✓ Ich brauche ein klares Ziel.
- ✓ Das Ziel muss mich motivieren und begeistern.
- ✓ Ich brauche einen guten überschaubaren Zeitplan. (10-Jahresprojekte z. B. begeistern mich nicht!)
- ✓ Das Ziel muss realistisch und erreichbar sein.
- ✓ Ich muss den Weg zum Ziel genießen können (eine hastige Realisierung mit vielen Überstunden ist für mich kein Genuss, sondern Stress)
- ✓ Ich möchte mein Ziel gemeinsam mit anderen Menschen erreichen.
- ✓ Ich akzeptiere keine Ziele mehr, die mir keinen Spaß machen.
- ✓ Ich muss das Gefühl haben, mit dem, was ich tue, etwas Gutes beizutragen.

Übung
Durchhaltevermögen und Disziplin
Was motiviert mich am meisten, an meine Idee bzw. mein Konzept zu glauben? Bitte notieren Sie jetzt Ihre persönlichen Werte:

____

____

____

____

____

____

____

____

8.7. Verantwortung und Klarheit

Warum ist Verantwortungsbewusstsein beim Netzwerken so wichtig? Es bringt Stabilität in Beziehungen und ist die Voraussetzung für klare Kommunikation - und dies wiederum ist die Basis für Erfolg bei gemeinsamen Unternehmungen. Am Anfang eines gemeinsamen Projektes müssen wir Verantwortung übernehmen bzw. verteilen und dies auch klar kommunizieren.

Wenn Sie einen Messestand planen und untereinander nicht klar die Verantwortung verteilen, können Pannen entstehen (wie z. B. fehlende Plakate, Probleme des Zusammenspiels der Standbesatzung, ungleiche Arbeitsverteilung und vieles mehr). Immer dann, wenn wir Probleme haben, kann das ein Hinweis darauf sein, dass wir die Verantwortung nicht geklärt bzw. nicht klar kommuniziert haben.

Typische Sätze wie: "Ich dachte aber…", „Wir müssen das jetzt unbedingt klären...", „Wir hätten besser…", „Das ist ungerecht verteilt…" sind ganz klar Indizien für fehlende Kommunikation zum richtigen Zeitpunkt.

Was ist der richtige Zeitpunkt? Der richtige Zeitpunkt ist grundsätzlich vor dem Projektstart – also nicht mittendrin und schon gar nicht danach. Im Netzwerken gilt das Gleiche wie im normalen Geschäftsbetrieb: Wenn Sie im Alltagsgeschäft ein Angebot abgeben, dann informieren Sie Ihren Kunden bei Angebotsabgabe über die genauen Konditionen. Sie klären wichtige Nebenabreden, z. B. Reisekosten, Übernachtungskosten, Reisespesen und Stornobedingungen. Auch beim Netzwerken sollten Sie die Spielregeln verhandeln, bevor Sie durchstarten. Richten Sie Ihren Fokus dabei besonders auf klare Aussagen zur Arbeitsverteilung, zum Budget und zur Verantwortung.

Klarheit erfordert zunächst das Bewusstsein, dass sich meine eigene Wirklichkeit von der Wirklichkeit anderer Menschen fast immer unterscheidet. Daher ist immer ein Abgleich der Wirklichkeiten notwendig: Hat mein Gesprächspartner mich richtig verstanden?

Und umgekehrt – habe ich mein Gegenüber wirklich verstanden? Fragen Sie Ihren Gesprächspartner, wie er etwas meint, damit Sie sicher sein können, es richtig verstanden zu haben. Am besten, Sie wiederholen sogar, was bei Ihnen angekommen ist. Umgekehrt genau so. Damit lassen sich Missverständnisse reduzieren.

Beim Aufbau einer neuen Regionalgruppe warten wir zunächst, bis sich eine Person bereit erklärt, die Verantwortung für die Gruppe zu übernehmen. Erst dann beginnen wir mit der Gründungsarbeit wie Auswahl des Hotels, Bewerbung des Gründungstreffens usw.

Verantwortungsbewusstsein und Klarheit sind nach meiner Erfahrung eng verwandt – genauso wie fehlendes Verantwortungsbewusstsein und Unklarheit. Menschen, die ihre Wünsche und Erwartungen beim Netzwerken nicht klar äußern können, tun sich meist auch schwer damit, Verantwortung zu tragen. Sie ändern häufig ihre Meinung, sobald etwas problematisch wird. Klarheit erfordert Mut und Verantwortung, fehlende Klarheit hingegen kann ein gemeinsames Projekt gefährden.

Übung Verantwortung und Klarheit

- Sage ich klar und deutlich, wofür ich Verantwortung übernehme?
- Handle ich auch entsprechend?
- Wenn Fehler passieren, sage ich dann:
  „Ich habe mich geirrt." (Verantwortung tragen) oder
  „Es war nicht meine Schuld." (keine Verantwortung tragen)
- Finde ich eine Antwort, was ich aus einem Fehler lernen kann?

Bitte betrachten Sie jetzt kritisch das letzte Projekt, das nicht wunschgemäß verlief und beantworten Sie dazu diese Fragen.

Meine Erkenntnis:

Möchten Sie nun gerne Ihre eigene Einschätzung mit der Einschätzung von Dritten zu vergleichen? Bei der folgenden Übung geht es darum, Ihre drei größten Stärken zu finden. Bei dieser Übung können Sie besonders interessante Erfahrungen machen - und vielleicht auch einen blinden Fleck finden.

Bilanz 2: Stärken-Check

Schreiben Sie jede der zuvor besprochenen Netzwerkwerte wie „Vertrauen", „Geduld", „Zuverlässigkeit" usw. jeweils auf eine Karte. Pro Karte notieren Sie ein Wort. Sie können auch max. zwei weitere Charaktereigenschaften hinzufügen, wenn Ihnen diese wichtig erscheinen.
Oder machen Sie einen Download von Kartenvordrucken unter www.sabine-piarry.com. Drucken Sie diese auf Papier oder Visitenkartenbogen aus und schneiden Sie sie aus oder trennen Sie diese aus der Perforation.

Mischen Sie die Karten.

Nun schauen Sie die Karten der Reihe nach an und sortieren Sie alle Karten in zwei Stapel:
1. Stapel „trifft voll und ganz zu"
2. Stapel „trifft weniger zu"

Nehmen Sie den 1. Stapel „trifft voll und ganz zu" wieder zur Hand und wählen Sie die drei Eigenschaften, die am meisten auf Sie zutreffen. Bitte notieren Sie diese jetzt.

Eigeneinschätzung

1.____

2.____

3.____

Fremdeinschätzung

Welche Personen können Sie gut in Ihrem Netzwerk einschätzen? Zu wem haben Sie Vertrauen? Bitten Sie diese Personen um deren Einschätzung. Mischen Sie auch hier wieder die Karten und lassen Sie zwei Stapel bilden und aus dem Stapel „trifft voll und ganz zu" die drei wichtigsten Eigenschaften, die am stärksten auf Sie zutreffen, auswählen.

Notieren Sie nun das Ergebnis.

1. Person

1.____

2.____

3.____

2. Person

1.____

2.____

3.____

3. Person

1.____

2.____

3.____

Meine Erkenntnis:

____

____

Auf was ich in Zukunft achten werde:

____

____

____

____

9. Und der Kunde kommt doch

Ich habe Sie hoffentlich davon überzeugt, die Jagd nach Kunden zu beenden, denn eine Kundenjagd ist immer mit Stress verbunden - für Sie und Ihren Kunden gleichermaßen. Nur die Kundenbrille zu benutzen ist so, wie wenn Sie nur schwarz-weiß sehen würden.

Wenn Sie jedoch Ihr Blickfeld erweitern, indem Sie durch mehrere Brillen schauen, und wenn Sie darin geübt sind, win-win-orientiert zu denken und keine Wettbewerbsangst verspüren, dann sind Sie auf dem richtigen Weg, auch beim Netzwerken mit (noch mehr) Leichtigkeit Kunden anzuziehen. Ob direkt oder indirekt durch Empfehlung anderer Netzwerkpartner spielt dabei keine Rolle.

Werden Sie zum kreativen Zeitmanager und nutzen Sie Netzwerktermine, um sich mit Menschen zu treffen, die für Sie wichtig sind (z. B. Ihre Mulitplikatoren).

Werden Sie sich Ihres Netzwerktyps und Ihrer Stärken bewusst, denn damit bringen Sie eine gute Energie ins Netzwerk. Und diese positive Energie kommt wieder zu Ihnen zurück, in welcher Form auch immer. Gehen Sie dabei ins Vertrauen, das das Universum für einen passenden Ausgleich sorgt.

Sehen Sie das Netzwerken als eine Spielwiese an, um Neues auszuprobieren, sich neu zu entdecken und immer professioneller zu werden. Kompetenz führt zur Empfehlung, seien Sie sich dessen sicher.

Bringen Sie Leichtigkeit ins Tun, indem Sie an den Aufbau von Multiplikatoren denken und freuen Sie sich auf viele gute Kontakte und Impulse, die Ihnen das Netzwerken beschert.

Seien Sie besonders dankbar für Situationen, in denen Sie dazu lernen dürfen, auch wenn diese erst einmal unangenehm sein können. Sie bringen Sie immer ein großes Stück weiter.

Sagen Sie so oft wie möglich "Danke"! Bedanken Sie sich für Empfehlungen, für Tipps, für vermittelte Kontakte und für alles, wofür Sie dankbar sind. Auch ich sage an dieser Stelle: "Danke, dass Sie diesem Thema Ihre Zeit geschenkt haben."

Und wenn Sie vieles von dem, was ich hier geschrieben habe beherzigen, werden Sie sehen: **Der Kunde kommt doch!**

Lassen Sie mich wissen, was Ihnen dieses Netzwerkbuch an Erkenntnissen und Erfahrungen bringt - und wenn Sie begeistert sind, empfehlen Sie es bitte weiter. Auf meiner Webseite finden Sie Übungen als Kopiervorlagen, Workshops, Vortragsthemen, E-Mail-Trainings und andere Impulse für Ihren Erfolg.
Ich freue mich auf Ihren Kommentar und auch darauf, welche Themen Sie gerne noch weiter vertiefen und üben möchten.

Beim Schreiben dieses Buches durfte ich auch wieder zwei blinde Flecken entdecken: zum einen achtete ich überhaupt nicht auf die automatische Silbentrennung meines Programmes, bis mich das Lektoriat darauf aufmerksam machte und den anderen blinden Fleck möchte ich lieber für mich behalten. Aber das verstehen Sie sicher!

Nun bin ich gespannt auf Ihr Feedback.
Meine E-Mail-Adresse: sabine@sabine-piarry.com.

Es grüßt Sie herzlich
Ihre Vernetzungsspezialistin Sabine Piarry

Workshops, Vorträge und E-Mail-Training von Vernetzungsspezialistin Sabine Piarry

Bundesweite Workshops

1-2-3 ausgebucht – Seminare erfolgreich vermarkten!
Was sind die Erfolgsfaktoren für ausgebuchte Kurse und Seminare? Wie vermarkte ich meine Veranstaltungen professionell? In diesem Intensiv-Workshop entwickeln wir für jeden Teilnehmer die passende Strategie und geben praktische Tipps zur Umsetzung.

Simsalabim – Magie des erfolgreichen Netzwerkens
Erfolg braucht Kontakte! Wenn Sie dieser Meinung sind und sich noch leichter und effizienter vernetzen möchten, dann sind Sie in diesem Workshop genau richtig, denn hier werden Sie in die Erfolgsgeheimnisse der Vernetzungskunst eingeweiht.

Intuitiv akquirieren – Lust statt Frust!
Überlassen Sie doch mal Ihrem Bauch das nächste Akquisitionsgespräch, denn erfolgreiche Akquisition klappt auch ohne aufwendige Leitfäden und langatmige Verkaufstrainings. Vertrauen Sie Ihrer Intuition, arbeiten Sie mit Wertschätzung und stellen Sie Ihren Gesprächspartner in den Mittelpunkt.

Vorträge

Simsalabim – Magie des erfolgreichen Netzwerkens

Raus aus der Komfortzone – rein in die Netzwerklust!

Erkennen Sie Ihren Netzwerktyp!

Buchempfehlungen
von Sabine Piarry

Von Sabine Piarry ist bereits erschienen:

Gewinnen Sie mehr Zeit für Ihre Stärken!
Das 3-Monats-Zeittraining – das Spaß macht.

Die Ziele dieses Buches:
- Stärken erkennen und stärken
- spielerisch zeitsensibler werden
- die eigene Zeit mehr wertschätzen
- effizienter werden und
- mehr Freude an der Arbeit haben.

Die 13 Übungen bringen Freude und Leichtigkeit in den Alltag. Für jede Woche gibt es eine Übung, denn nichts ist überzeugender für eine nachhaltige Veränderung als das Tun. Bitte betrachten Sie alle Übungen als ein Spiel.

BOD-Verlag
ISBN-Nummer 9-7838-3704-5468
Booklet, 40 Seiten

Preis: 10,00 Euro (inkl. 7 % USt.)

Passend zum Buch „Gewinnen Sie mehr Zeit für Ihre Stärken!“ gibt es dieses Angebot auch als 3-Monats-E-Mail-Training. Infos zur nächsten Staffel und Details zur Teilnahme finden Sie auf der Homepage www.sabine-piarry.com unter „Montagsdurchstarter“.

Andreas Lutz/Isabel Nitzsche

Praxisbuch Pressearbeit
Für Selbständige, Gründer, kleine Organisationen und Verbände

Ein Zeitungsartikel oder ein Radiointerview wird mehr beachtet als jede Anzeige – und ist vor allem viel glaubwürdiger. Diese Vorteile können Gründer, Selbständige und Vertreter kleiner Organisationen nutzen, indem sie die Medien persönlich mit ihren Geschichten überzeugen. Die Autoren erklären wie das mit einfachsten Mitteln und ohne großes Budget gelingt.

Sie erfahren, wie Sie Journalisten zu Freunden (statt Feinden) machen und wie diese Zielgruppe denkt. Das hilft Ihnen, zugkräftige Themen für Ihre Pressemitteilungen zu finden und so zu formulieren, dass Sie die besten Chancen auf eine Veröffentlichung haben. Andreas Lutz und Isabel Nitzsche zeigen, wie sich die Spielregeln der Pressearbeit in den letzten Jahren verändert haben und welche zusätzlichen Chancen sich dadurch für Sie ergeben.

Mit vielen sofort umsetzbaren Tipps und Erfahrungsberichten von Selbständigen, die erfolgreich PR betreiben.

Linde-Verlag
ISBN-Nummer 978-3-7093-0132-6
182 Seiten

Preis: 14,90 Euro (inkl. 7 % USt.)

Monika Birkner

Wachstumsstrategien für Solo- und Kleinunternehmer
Mit neuem Denken und Handeln zu mehr persönlichem und geschäftlichem Erfolg

Mut zur eigenen Größe

Sie sind gut auf Ihrem Fachgebiet und kommen trotzdem auf keinen grünen Zweig?
Sie arbeiten so viel, dass keine Zeit für Ihr Privatleben bleibt?
Sie würden Ihr Unternehmen gerne vergrößern, aber Ihre derzeitigen Kapazitäten scheinen begrenzt?

Orientieren Sie sich an den Beispielen erfolgreicher Solo-Unternehmer und deren Strategien:

- Business und Leben in Einklang bringen
- Angst vor der Akquise überwinden
- Alternativen zur Kaltakquise
- Neue Trends erkennen und nutzen
- Blockaden in Bezug auf Geld und Erfolg auflösen
- Preisverhandlungen souverän meistern
- Mit Kooperationen und Networking die eigenen Kräfte vervielfachen

Walhalla-Verlag
ISBN-Nummer 978-3-8029-3407-0
Broschiert, 174 Seiten

Preis: 9,95 Euro (inkl. 7 % USt.)